中国环境保护投资进展与展望 1981—2019

Progress and Prospect of Environmental Protection Investment in China 1981—2019

程　亮　陈　鹏　等/编著

中国环境出版集团·北京

图书在版编目（CIP）数据

中国环境保护投资进展与展望 1981—2019/程亮，陈鹏等编著. —北京：中国环境出版集团，2020.12

（中国环境规划政策绿皮书）

ISBN 978-7-5111-4412-6

Ⅰ. ①中… Ⅱ. ①程…②陈… Ⅲ. ①环保投资—研究—中国 Ⅳ. ①X196

中国版本图书馆 CIP 数据核字（2020）第 157639 号

出 版 人 武德凯
责任编辑 葛 莉
责任校对 任 丽
封面设计 彭 杉

出版发行 中国环境出版集团
（100062 北京市东城区广渠门内大街 16 号）
网 址：http://www.cesp.com.cn
电子邮箱：bjgl@cesp.com.cn
联系电话：010-67112765（编辑管理部）
发行热线：010-67125803，010-67113405（传真）

印 刷 北京中科印刷有限公司
经 销 各地新华书店
版 次 2020 年 12 月第 1 版
印 次 2020 年 12 月第 1 次印刷
开 本 787×1092 1/16
印 张 12.75
字 数 160 千字
定 价 89.00 元

《中国环境规划政策绿皮书》
编 委 会

《中国环境保护投资进展与展望 1981—2019》 编委会

主　编　程　亮　陈　鹏

编　委　徐顺青　刘双柳　高　军　金　坦　焦　阔

前 言

加强环境保护投资是建设美丽中国和践行生态文明的重要物质保障。改革开放 40 多年来，我国环保投资渠道逐步拓宽，投资总量逐年增加，投资效益逐步提高。以一般公共预算、政府性基金、政府债券为主的财政支出体系不断完善，以绿色信贷、绿色债券、绿色基金为主的绿色金融体系不断优化，生态环境领域政府与社会资本合作（PPP)、环境污染第三方治理、生态导向的发展（EOD）等创新模式不断探索实践，这些有效保障了生态环境保护任务的全面实施和目标完成。

生态环境部环境规划院生态环境投资与产业综合研究所基于对生态环境保护投融资的口径、规模、分布、渠道、效益、政策、模式等的长期跟踪分析，系统研究了 40 年来全社会和财政环保投资状况，分析了生态环境 PPP、环境污染第三方治理、EOD 等环保投融资模式创新，梳理了国家主要环保投融资政策和地方环保投融资政策创新，归纳总结了当前存在的主要问题，研判了未来发展趋势，提出了政策优化建议，形成《中国环境保护投资进展与展望（1981—2019）》一书，使之成为了解我国环境保护投融资状况的参考书，希望通过分享交流，将其中的一些观点和成果转换为管理实践，成为推动环境保护投资决策管理更上新台阶的积极因素。

本书第 1 章由刘双柳执笔，第 2 章由徐顺青执笔，第 3 章由徐顺青、刘双柳、焦阔、金坦执笔，第 4 章由高军、陈鹏执笔，第 5 章由陈鹏、程亮执笔，第 6 章由程亮执笔。全书由程亮、陈鹏统稿并定稿。

本书编写过程中得到生态环境部环境规划院陆军书记、王金南院长、何军副院长、严刚副院长、曹东研究员以及生态环境部科技与财务司逯元堂处长、综合司李华友处长等的大力支持与指导，在此表示衷心的感谢！

我们深知自身研究力量有限，尚不足以发现和解决环保投融资存在的各种问题，且受数据资料有限性影响，个别政策措施本书尚未提及，书中的一些结论也可能存在不可避免的争议，希望各位同仁和读者不吝赐教。

本书编委会
2020 年 7 月

执行摘要

伴随我国经济高速发展，环境污染日益成为经济发展不能承受之重，党的十九大报告提出，到 2020 年，要坚决打好污染防治攻坚战；到 2035 年，生态环境根本好转，美丽中国目标基本实现；到 21 世纪中叶，把我国建成富强、民主、文明、和谐、美丽的社会主义现代化强国。环保投资为以上目标的实现提供了强有力的物质支撑，在治理环境污染、促进环境基础设施建设、推动环保产业发展等方面发挥了重要作用。在当前形势下，环保投资仍处于滞后于经济发展的被动状态，还旧账、欠新账，资金缺口大、使用效率低等问题仍然严峻。因此，为促进环保投资与经济同步发展，更好地支撑生态环境质量改善目标实现，本书对环保投资及融资机制进行了系统、全面的剖析，并提出相应的政策建议，对促进经济与环境可持续发展、提高环保投资效率具有一定参考意义。

本书分析了全社会环保投资的规模、结构、空间分布，研究了一般公共预算环保支出、政府性基金环保支出、政府债券环保支出、中央财政环保专项资金投资，梳理了生态环境 PPP、环境污染第三方治理、生态导向的发展（EOD）等环保投融资模式创新，总结了排污收费、环保“三同时”、中央财政环保专项资金、“211”环境保护科目、国家重点生态功能区转移支付、环境污染第三方治理、生态环境 PPP、环境保护税等国家主要环保投融资政策，以及环保贷款、绿色发展基金、排污（收费）权质押贷款等地方环保投融资政策创新，提出了环保投资的问题、趋势与建议。

主要结论表明：①全社会环保投资规模快速增长，投资结构和空间分布逐步稳定，为污染防治攻坚战、建设生态文明和美丽中国等战略实施提供重要物质保障。②不考虑融资情形，政府环保投资占比超过一半，各级政府财力水平仍是影响未来环保投资水平的重要因素。③工业企业污染治理设施投资快速增长，已建设施具有相当规模，未来将向设施运行为主转变。④社会资本投入环保领域的积极性有所提升，生态环境PPP模式、环境污染第三方治理模式、EOD模式正在探索开展，但仍需完善城市发展战略、创新绿色发展机制、健全污水垃圾等收费机制，以提高投资回报水平。

通过现状分析发现，环保投资仍存在以下问题亟待解决：投资增速与治污需求不匹配、企业投资动力不足削弱治理效果、企业融资困境制约投资总量增长、回报机制不健全降低社会资本积极性、基于绩效的投资机制尚未真正建立。为解决以上问题、优化多元化环保投融资机制，需要激励、约束、引导各类主体，提高环保投入积极性：一是将生态环境基础设施建设纳入新基建体系；二是加大各级政府环保投资力度及优化资金使用方式；三是多种措施协同发力，倒逼企业履行治污责任；四是优化风险分配机制，加快完善绿色金融体系；五是鼓励环保投融资模式创新，以引导社会资金投入；六是完善构建基于绩效的环保投资及环保项目付费机制。

Executive Summary

With the rapid development of China's economy, environmental pollution has increasingly become an unbearable weight for economic development. The report of the Nineteenth National Congress of the Communist Party of China stated that by 2020, we must resolutely fight the pollution prevention and control battle; by 2035, the ecological environment will fundamentally improve and the goal of beautiful China will be basically achieved; By the middle of the 21st century, China will be built into a prosperous, democratic, civilized, harmonious and beautiful socialist modern power. Environmental protection investment provides a strong material support for the realization of the above goals, and plays an important role in controlling environmental pollution, promoting the construction of environmental infrastructure, and promoting the development of environmental protection industries. Under the current situation, environmental protection investment is still facing a passive state that lags behind economic development. Many places are still repaying old accounts and owing new accounts. The problem of large capital gaps and low use efficiency is still serious. In this regard, in order to promote the simultaneous development of environmental protection investment and economy, and better support the realization of the goal of improving the quality of the ecological environment, this book systematically analyzes environmental protection investment and its financing mechanism, summarizes conclusions, and puts forward corresponding policy recommendations. It has certain reference significance to sustainable development of economy and enrironment, and improvement of euvironmental protection investment efficiency.

This book analyzes the scale, structure and spatial distribution of environmental protection investment of the whole society, studies environmental protection expenditure of general public budget, environmental protection expenditure of government funds, environmental protection expenditure of government bonds, investment of environmental protection special funds of central finance, sorts out the innovation of environmental protection investment and financing mode such as PPP mode of ecological environment, third-party treatment of environmental pollution, and ecological oriented development mode, and summarizes national environmental protection investment and financing policies, such as pollution charges, environmental protection "three Simultaneities", special funds for environmental protection of the central government, "211"environmental protection subjects, transfer payment of national key ecological functional areas, third-party treatment of environmental pollution, ecological environment PPP, environmental protection tax, etc., as well as local environmental protection investment and financing policy innovation, such as environmental protection loan, green development fund, sewage (charge) right pledge loan. The problems, trends and suggestions of environmental protection investment are put forward.

The main conclusions are as follows: first, the scale of environmental protection investment in the whole society is growing rapidly, and the investment structure and spatial distribution are gradually stable, which provides important material guarantee for the implementation of the strategies of pollution control, ecological civilization and beautiful China. Second, regardless of the financing situation, the government investment in environmental protection accounts for more than half of the country, and the financial level of governments at all levels is still an important factor affecting the level of environmental protection investment in the future. Third, the investment in pollution control facilities of industrial enterprises has increased rapidly, and the construction facilities have a considerable scale, and will change to operation oriented in the future. Fourth, the enthusiasm of social capital investment in the field of environmental protection has been improved to a certain extent. The PPP mode of ecological environment, the third-party treatment of environmental pollution and the EOD mode are being explored. However, it is still necessary to improve the level of investment return by improving the urban development strategy, innovating the green development mechanism, and improving the sewage and garbage charging mechanism.

Through the analysis of the current situation, it is found that the following problems still need to be solved: the investment growth rate does not match with the demand for pollution control, the lack of investment motivation weakens the pollution control effect, the financing difficulties of enterprises restrict the growth of total investment, the imperfect return mechanism reduces the enthusiasm of social capital, and the performance-based investment mechanism has not really been established. In order to solve the above problems and optimize the diversified investment and financing mechanism of environmental protection, it is necessary to encourage, restrict and guide all kinds of subjects to enhance the enthusiasm of environmental protection investment: first, integrate the construction of ecological environment infrastructure into the new infrastructure system; second, increase the investment intensity of environmental protection of governments at all levels and optimize the use of funds; third, coordinate various measures to force enterprises to fulfill the responsibility of pollution control; fourth, optimize the risk allocation mechanism and accelerate the improvement of green financial system. The fifth is to encourage the innovation of environmental protection investment and financing mode to guide social capital investment; the sixth is to improve the performance-based environmental protection investment and project payment mechanism.

目录

目录

环保投资概念与内涵

1.1 环保投资的概念

关于环保投资有两种学说：一是“费用说”。以较早进行环境治理的美国、日本等发达国家为代表，把环保投资解释为环境保护费用，即社会为维护环境质量所付出的控制污染和改善环境的总费用。“费用说”更加体现现金流概念，与成本更为相似，其不仅包含用于环境保护设施建设的固定资产投资，还包含设施的运行消耗费用。二是“投资说”。“投资说”认为环保投资是国民经济和社会发展的固定资产投资的重要组成部分，是进行固定资产的新建、扩建、改建、重建、迁建等基本建设投资或其所用资金，以及包括设备更新在内的技术改造投资或其所用资金。本书中的环保投资基于“投资说”，属于固定资产范畴，不包括设施建成后的运行维护费用。

1.2 环保投资的内涵

本书将欧盟“首要目的”标准作为界定环保投资活动的主要原则和

依据，明确区分环境保护活动和环境保护受益活动。环境保护活动是指以环境保护为首要目的的活动，其投资纳入环境保护投资统计范畴。将“首要目的”并非为环境保护，而是以盈利、提高产品质量、技术进步、舒适、安全等为首要目的的环境保护受益活动不纳入环保投资统计范围，如清洁生产、工业副产品再利用、防灾减灾等。对于能源节约利用类活动是否以环境保护为首要目的，本书不做深入探讨，而是根据我国现有相关统计制度将其纳入环保投资统计范围。

1.3 环保投资统计口径

自 1999 年开始，我国一直沿用原国家环保总局发布的《关于建立环保投资统计调查制度的通知》（环财发〔1999〕64 号）中的环保投资定义，将其界定为“环境污染治理投资”，包括三部分：城镇环境基础设施投资、工业污染源治理投资以及建设项目“三同时”环保投资。本书中全社会环保投资基于该口径。

城镇环境基础设施投资是建设城镇环境保护公用工程设施产生的投资，具体包括燃气工程建设、集中供热工程建设、排水工程建设、园林绿化工程建设、市容环境卫生工程建设五部分固定资产投资。其中，燃气工程建设包括城镇液化、汽化工程建设（燃料液化、汽化厂、储运设施、管网及供应站点建设）。集中供热工程建设包括集中供热锅炉、配套设施、厂房及供热管线建设。排水工程建设具体包括：①城镇或区域集中污水处理厂建设；②排污、截流、清污分流管网工程建设；③城市污水处理后的资源化工程建设；④污泥处理后资源化工程、氧化塘等土地处理工程、科学排江和排海工程建设。园林绿化工程建设包括城市防护林带营造工程、城市绿化美化工程、草木花卉基地建设工程和城市园林建设及改造工程建设。市容环境卫生工程建设包括：①垃圾集中处置场和综合利用工程建设；②垃圾收集、转运网点建设；③垃圾运输车辆、设施购置；④粪便运输及无害化处理工程建设；⑤有害废物处理处置工程和设施建设；⑥放射性废物安全处置工程建设；⑦环境卫生机构建设；⑧环境卫生设施建设、改造，车辆购置。

工业污染源治理投资是工业企业为治理污染、实行“三废”综合利用而进行的投资，涉及工业污染治理项目共九类：工业废水治理、燃料燃烧废气治理、工业废气治理（含工业粉尘治理）、工业固体废物治理、噪声治理（含振动）、电磁辐射治理、放射性治理、污染搬迁治理、其他治理（含综合防治）。环保投资统计将以上项目归为工业废水治理、工业废气治理、工业固体废物治理、工业噪声治理和其他治理五类。按照一般企业生产过程，具体统计范围如表 1-1 所示。

表 1-1　工业污染源治理投资统计范围

设施类型	动力系统	原材料采选系统	生产工艺系统	全厂性系统
水污染防治设施	燃料堆放场排水及冲水处理设施；造成热污染的废水冷却设施；锅炉清洗废水的处理设施；炉渣冲洗水处理设施；含废油污水回收和处理设施	勘探队生活废水收集处理设施；矿山油田（含油、气）采矿、选矿、浮选废水处理或回用设施；尾矿坝外排水处理设施；储运系统废水、污油处置或回收设施	有毒、含腐蚀物质废水的防渗漏和防腐蚀设施；工艺废水（含酸、碱、金属、废油、有机物等）的回收和处理净化设施；高炉煤气、烟气淋洗水和湿式除尘废水等的处理净化设施；冷却水循环回收利用设施；化验分析废液、废水处理设施；高浓度有机废水、废液（如釜液、母液）等的焚烧处理设施；生物制药废水的处理设施；酸性水气提装置；造纸行业碱回收设施；食品、纺织等原材料加工行业废水治理设施；食品、发酵行业的废液综合生产 DDGS（干酒糟及其可溶物）或沼气设施	职工生活区和医院废水的收集、排污、清污分流管网设施

设施类型	动力系统	原材料采选系统	生产工艺系统	全厂性系统
大气污染防治设施	燃料堆场的除尘、防尘、抑尘设施；燃料上料系统的除尘、抑尘设施；锅炉烟气除尘脱硫净化回收设施；烟囱（高度要符合环保要求）	采矿、选矿时防尘、除尘、抑尘设施；井下有毒有害气体净化处理设施	生产工艺中产生烟尘、粉尘、烟雾和有害气体部位的通风净化设施；生产过程中事故防控设施；有毒、有害气体的事故处理设施；各种高炉、转炉、炉窑等的工业粉尘及烟气净化设施；生产过程中的放气、再生气、吹出气的回收设施；原料粉碎、上料系统的除尘、抑尘设施；各种工艺废气、尾气（如含 SO_2、H_2S、HF、NO_x）等的净化回收设施；产品装配、装潢过程中的抛光、喷漆、酸雾等的治理设施；轻质油品等成品的密闭设施	—
噪声防治设施	对产生噪声的设备、大型电机等消声、隔声、阻尼、减振等采用的设施；隔声室（墙）	对产生噪声的设备、大型电机等消声、隔声、阻尼、减振等采用的设施；隔声室（墙）	对产生噪声的设备、大型电机等消声、隔声、阻尼、减振等采用的设施；隔声室（墙）	—
固体废物防治设施	灰渣场及粉煤灰、炉渣的堆埋覆盖工程；废旧电器安全处置设施	煤矸石、废矿石处置与综合利用设施；勘探队生活垃圾收集、处理设施；废弃泥浆处置、回收利用设施；油泥、油渣的处置设施	生产过程中产生的各种废渣（如钢铁和有色金属冶炼渣、铁合金渣、尘泥、油渣等）的处理处置设施；各类可再创价值的工艺废渣（如炉渣、粉煤灰、钢铁和有色金属冶炼渣、铁合金渣等）综合利用处置设施；各类含有毒熔渣、低放射性渣的安全堆场及处置回收设施；原材料加工和成品包装过程中的碎料、废料、废品的堆放处置回收设施	全厂生活垃圾处置设施

设施类型	动力系统	原材料采选系统	生产工艺系统	全厂性系统
其他	—	矿区的覆土植被设施；土地复垦造田设施；水土流失、淋溶水危害防治设施。按国家现行有关规定采取妥善处理处置放射性物质的安全设施	—	易挥发、有毒有害液体原料、成品等的贮存、防泄漏设施；贮存仓库的通风净化设施；贮存含放射性物质原料（或中间产品）的专用仓库或料仓防护设施；原料、成品装卸时的除尘、抑尘设施；原料、成品运输过程中的密封安全设施等

建设项目“三同时”环保投资是指与建设项目主体工程同时设计、同时施工、同时投产使用的污染防治设施投资，该部分投资也是环保投资的重要组成部分。具体包括废水治理、废气治理、噪声治理、固体废物治理、绿化及生态环保投资五类。根据环境统计年报，2016 年（含）以前建设项目“三同时”环保投资含跨年度建设项目多年累计投资，2017 年将其更新为当年投资。

1.4 财政环保支出统计口径

本书有关财政环保支出分四部分开展分析：一般公共预算环保支出、政府性基金环保支出、政府债券环保支出、中央财政环保专项资金投资。

一般公共预算环保支出不仅包含固定资产投资，还包含运行、管理、补助等支出，主要基于“211”科目 2007—2019 年的数据开展分析，2019 年为预算数。政府性基金环保支出不仅包含固定资产投资，还包含运行、补助、补偿、赔偿等支出，主要基于 2012—2018 年的财政决算数据，其中，污水处理费在 2015 年才纳入政府性基金管理。政府债券环保支出主要基于零星统计或调查数据。中央财政环保专项资金支持固定资产投资，不同专项设立时间有差异，时序分析总体在 2008—2018 年（2019 年为预算数）。

以财政一般公共预算环保支出为例，2007 年政府收支分类科目新设“211 环境保护”类。2011 年将其调整为“211 节能环保”类。2019 年“211 节能环保”类下设 15 款：环境保护管理事务（含 8 项）、环境监测与监察（含 3 项）、污染防治（含 7 项）、自然生态保护（含 5 项）、天然林保护（含 6 项）、退耕还林（含 5 项）、风沙荒漠治理（含 2 项）、退牧还草（含 2 项）、已垦草原退耕还草（含 1 项）、能源节约利用（含 1 项）、污染减排（含 5 项）、可再生能源（含 1 项）、循环经济（含 1 项）、能源管理事务（含 14 项）、其他节能环保支出（含 1 项）。除“211 节能环保”类外，其他科目也包含小部分环保支出类别，如“213 农林水支出”类下的“自然保护区等管理”“动植物保护”“湿地保护”等，也将纳入财政环保支出口径（表 1-2）。

表 1-2　2019 年财政环保支出科目款项及支出说明

科目代码			科目名称	支出说明
类	款	项		
211			节能环保支出	反映政府节能环保支出
	01		环境保护管理事务	反映政府环境保护管理事务支出
		01	行政运行	反映行政单位（包括实行公务员管理的事业单位）的基本支出
		02	一般行政管理事务	反映行政单位（包括实行公务员管理的事业单位）未单独设置项级科目的其他项目支出

科目代码			科目名称	支出说明
类	款	项		
211	01	03	机关服务	反映为行政单位（包括实行公务员管理的事业单位）提供后勤服务的各类后勤服务中心、医务室等附属事业单位的支出。其他事业单位的支出，凡单独设置了项级科目的，在单独设置的项级科目中反映。未单设项级科目的，在“其他”项级科目中反映
		04	生态环境保护宣传	反映生态环境部门环境保护宣传教育方面的支出
		05	环境保护法规、规划及标准	反映环境保护法规政策的前期研究、制定，规划的前期研究、制定及实施评估，环境标准试验、研究和制定等方面的支出
		06	生态环境国际合作及履约	反映生态环境部门国际环境合作与交流、谈判及履约工作支出，国际环境合作及履约项目国内配套、国际环境热点问题调研及咨询、周边国家环境纠纷处理及合作方面的支出等
		07	生态环境保护行政许可	反映生态环境部门经法律法规设定和经国务院批准的行政许可管理支出，如建设项目环境影响评价审批、排污许可、危险废物经营许可等行政许可管理及相关技术支持等方面的支出
		99	其他环境保护管理事务支出	反映除上述项目以外其他用于环境保护管理事务方面的支出
	02		环境监测与监察	反映政府环境监测与监察支出
		03	建设项目环评审查与监督	反映生态环境部门对建设类规划、建设项目的环境影响评价、评审，建设项目“三同时”监理、验收等方面的支出
		04	核与辐射安全监督	反映生态环境部门核安全与核辐射安全监管、审评支出，放射性物质运输监管、核材料管制、核设施监管等支出

科目代码			科目名称	支出说明
类	款	项		
211	02	99	其他环境监测与监察支出	反映除上述项目以外其他用于环境监测与监察方面的支出
	03		污染防治	反映政府在治理大气、水体、噪声、固体废物、放射性物质等方面的支出
		01	大气	反映政府在治理空气污染、汽车尾气、酸雨、二氧化硫、沙尘暴等方面的支出
		02	水体	反映政府在排水、污水处理、水污染防治、湖库生态环境保护、水源地保护、国土江河综合整治、河流治理与保护、地下水修复与保护等方面的支出
		03	噪声	反映政府在治理噪声和振动污染方面的支出
		04	固体废物与化学品	反映政府在垃圾、医疗废物、危险废物及工业废弃物处置处理等方面的支出，持久性有机污染物监管及淘汰处置支出等
		05	放射源和放射性废物监管	反映对放射源生产、销售、使用及废弃源处置等管理的支出，放射性废物管理、收集、处置等支出，放射性废物库建设与运行等方面的支出
		06	辐射	反映政府在核辐射、电磁辐射污染治理等方面的支出
		99	其他污染防治支出	反映除上述项目以外其他用于污染防治方面的支出
	04		自然生态保护	反映生态保护、生态修复、生物多样性保护、农村环境保护和生物安全管理等方面的支出

科目代码			科目名称	支出说明
类	款	项		
211	04	01	生态保护	反映用于生态功能保护区、生态示范区、生态省（市、县）管理及能力建设、日常管护、宣教、试点示范等支出，生态修复支出，资源开发生态监管等支出
		02	农村环境保护	反映用于农村环境保护方面的支出。有关事项包括：农村环境综合整治，如生活垃圾、污水处理，农村饮用水水源地监测与保护等；小城镇环境保护，如小城镇环境保护能力建设及环境基础设施建设、环境优美乡镇及生态村创建等；农用化学品（化肥、农药、农膜等）污染防治、畜禽养殖污染防治、土壤污染防治；农产品产地环境监测与监管，有机食品基地建设与管理，秸秆等农业废弃物综合利用；农村环境保护能力建设、宣教、试点示范等
		03	自然保护区	反映用于自然保护区管理、能力建设、日常管护、宣教、试点示范等支出
		04	生物及物种资源保护	反映用于生物多样性、生物安全、生物遗传资源管理及保护、外来入侵物种防治、微生物环境安全监管等支出
		99	其他自然生态保护支出	反映除上述项目以外其他用于自然生态保护方面的支出
	05		天然林保护	反映专项用于天然林资源保护工程的各项补助支出
		01	森林管护	反映专项用于森林资源管护所产生的各项补助支出

科目代码			科目名称	支出说明
类	款	项		
211	05	02	社会保险补助	反映专项用于由于木材减产或停产造成实施单位应缴纳社会保险费缺口的补助支出
		03	政策性社会性支出补助	反映专项用于实施单位承担的政策性、社会性支出补助
		06	天然林保护工程建设	反映天然林保护工程建设支出
		07	停伐补助	反映专项用于全面停止天然林商业性采伐的补助支出
		99	其他天然林保护支出	反映除上述项目以外其他用于天然林保护方面的支出
	06		退耕还林	反映专项用于退耕还林工程的各项补助支出
		02	退耕现金	反映专项用于退耕户的医疗、教育等日常生活需要的支出
		03	退耕还林粮食折现补贴	反映财政用于退耕还林粮食折现方面的补助
		04	退耕还林粮食费用补贴	反映地方财政拨付的退耕还林粮食费用补贴
		05	退耕还林工程建设	反映退耕还林工程建设支出
		99	其他退耕还林支出	反映除上述项目以外其他用于退耕还林方面的支出
	07		风沙荒漠治理	反映用于风沙荒漠治理方面的支出
		04	京津风沙源治理工程建设	反映用于风沙源治理工程建设的支出

科目代码			科目名称	支出说明
类	款	项		
211	07	99	其他风沙荒漠治理支出	反映除上述项目以外其他用于风沙荒漠治理方面的支出
	08		退牧还草	反映退牧还草方面的支出
		04	退牧还草工程建设	反映退牧还草工程建设方面的支出
		99	其他退牧还草支出	反映除上述项目以外其他用于退牧还草方面的支出
	09		已垦草原退耕还草	反映已垦草原退耕还草方面的支出
		01	已垦草原退耕还草	反映已垦草原退耕还草方面的支出
	10		能源节约利用	反映用于能源节约利用方面的支出
		01	能源节约利用	反映用于能源节约利用方面的支出
	11		污染减排	反映用于污染减排方面的支出
		01	生态环境监测与信息	反映生态环境部门监测与信息方面的支出，包括环境质量监测、污染治理设施竣工验收监测、污染源监督性监测、污染事故应急监测和污染纠纷监测等支出，环境统计和调查、环境质量评价、绿色国民经济核算等支出，环境信息系统建设、维护、运行支出，信息发布及其技术支持等方面的支出
		02	生态环境执法监察	反映生态环境部门监督检查环保法律法规、标准等执行情况的支出，行政处罚、行政诉讼、行政复议支出，环境行政稽查支出，执法装备支出，排污费申报、征收与使用管理支出，环境问题举报、环境纠纷调查处理支出，突发性污染事故预防、应急处置等支出

科目代码			科目名称	支出说明
类	款	项		
211	11	03	减排专项支出	反映用于减排专项资金安排的支出
		04	清洁生产专项支出	反映支持清洁生产方面的支出
		99	其他污染减排支出	反映除上述项目以外其他用于污染减排方面的支出
	12		可再生能源	反映用于可再生能源方面的支出
		01	可再生能源	反映用于可再生能源方面的支出
	13		循环经济	反映用于循环经济（含资源综合利用）方面的支出
		01	循环经济	反映用于循环经济（含资源综合利用）方面的支出
	14		能源管理事务	反映能源管理事务方面的支出
		01	行政运行	反映行政单位（包括实行公务员管理的事业单位）的基本支出
		02	一般行政管理事务	反映行政单位（包括实行公务员管理的事业单位）未单独设置项级科目的其他项目支出
		03	机关服务	反映为行政单位（包括实行公务员管理的事业单位）提供后勤服务的各类后勤服务中心、医务室等附属事业单位的支出。其他事业单位的支出，凡单独设置了项级科目的，在单独设置的项级科目中反映。未单设项级科目的，在“其他”项级科目中反映
		04	能源预测预警	反映用于能源预测预警研究、建设及能源信息收集、整理等方面的支出
		05	能源战略规划与实施	反映用于能源战略规划、政策的研究、制定、实施及能源体制改革等方面的支出
		06	能源科技装备	反映用于能源科技装备方面的支出
		07	能源行业管理	反映用于煤炭、电力（含核电）、石油、天然气、可再生能源、其他能源行业的管理及能源节约等方面的支出
		08	能源管理	反映能源专家咨询、管理以及国家能源专家咨询委员会等工作的支出

科目代码			科目名称	支出说明
类	款	项		
211	14	09	石油储备发展管理	反映用于石油储备发展管理方面的支出
		10	能源调查	反映用于能源调查方面的支出
		11	信息化建设	反映用于信息化建设方面的支出
		13	农村电网建设	反映用于农村电网建设与改造方面的支出
		50	事业运行	反映事业单位的基本支出，不包括行政单位（包括实行公务员管理的事业单位）后勤服务中心、医务室等附属事业单位
		99	其他能源管理事务支出	反映除上述项目以外的其他能源管理支出
	99		其他节能环保支出	反映除上述项目以外其他用于节能环保方面的支出
		01	其他节能环保支出	反映除上述项目以外其他用于节能环保方面的支出
213			农林水支出	反映政府农林水事务支出
	02		林业和草原	反映政府用于林业和草原方面的支出
		10	自然保护区等管理	反映除国家公园外的自然保护区、风景名胜区、自然遗产、地质公园等自然保护地建设、调查、规划、监测、管护、能力提升、生态补偿、生态保护和修复、科研、宣传及管理等方面的支出
		11	动植物保护	反映动植物资源生存环境调查、监测、保护管理、野外放（回）归、巡护、野生动物疫源疫病监测防控、濒危野生动植物拯救、繁育及进出口管理等方面的支出
		12	湿地保护	反映湿地保护和管理方面的支出
220			自然资源海洋气象等支出	反映政府用于自然资源、海洋、测绘、气象等公益服务事业方面的支出

科目代码			科目名称	支出说明
类	款	项		
220	01		自然资源事务	反映自然资源管理等方面的支出
		99	其他自然资源事务支出	反映除上述项目以外其他用于自然资源事务方面的支出。其中，该项下的重点生态保护修复治理专项支出，纳入本书财政环保支出统计口径
	02		海洋管理事务	反映用于海洋管理事务方面的支出
		18	海岛和海域保护	反映海岛和海域生态环境整治、修复和保护方面的支出

1.5 小结

本书全社会环保投资属于固定资产范畴，主要基于中国环境统计年报 1981—2017 年的数据开展分析（分领域、分地区分析时序范围较窄）。财政一般公共预算环保支出主要基于“211”科目 2007—2019 年的数据展开分析，2019 年为预算数。政府性基金环保支出主要基于 2012—2018 年财政决算数据。中央财政环保专项资金投资主要基于 2008—2018 年的财政决算数据展开分析，2019 年为预算数。政府债券环保支出主要基于零星的统计或调查数据展开分析。上述中国环保投资相关分析，从时间尺度上看，最早为 1981 年，最晚为 2019 年，因此，本书将中国环保投资进展分析的时序范围大致界定为 1981—2019 年。

2 全社会环保投资

2.1 环保投资规模

1981—2017 年，环保投资总量呈持续递增趋势，累计完成投资达 9.59 万亿元，年投资规模从 25.0 亿元增长至 9 539.0 亿元（图 2-1）。“九五”时期前的“六五”“七五”“八五”时期投资规模较低，年投资规模均不超过 500 亿元，“九五”时期末年投资达千亿元规模，且在“十五”“十一五”时期持续增长，“十二五”“十三五”时期投资规模逐渐稳定。其中，“六五”“七五”时期投资总量很少，五年投资总量不足 500 亿元（图 2-2）；“八五”时期年均投资达 261.3 亿元，五年投资总量开始超千亿元；“九五”时期环境基础设施投资增加较快，五年投资总量达 3 516.4 亿元，年均投资 703.3 亿元；“十五”时期投资总量持续增加，五年投资总量达 8 395.1 亿元，是“九五”时期总量的 2.4 倍，各年投资额均较“九五”时期有较大提升，年均投资 1 679.0 亿元；“十一五”时期开始实施总量减排，投资增幅较大，五年投资总量达 2.16 万亿元，是“十五”总量的 2.6 倍，年均投资 4 324.7 亿元；“十二五”时期增长有所放缓，但投资绝对值仍较高，五年投资总量达 4.17 万亿元，年均投资 8 339.8 亿元。“十三五”时期是污染防治攻坚关键期，前两年（2016 年、2017 年）累计完成投资 1.87 万亿元，相当于“十二五”时期投资总额的 45.0%。

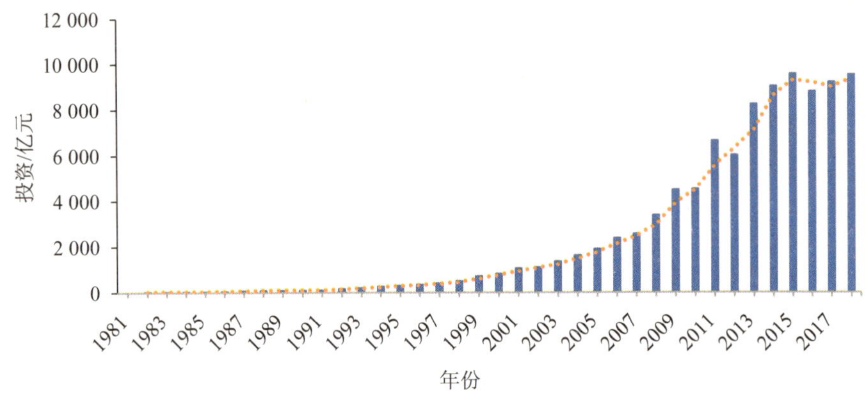

图 2-1　1981—2017 年环保投资规模变化情况

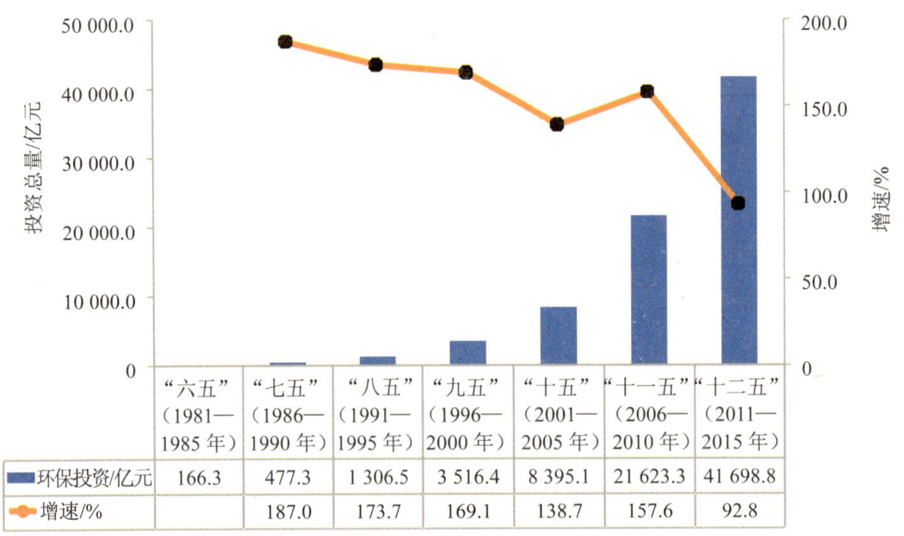

	“六五”（1981—1985 年）	“七五”（1986—1990 年）	“八五”（1991—1995 年）	“九五”（1996—2000 年）	“十五”（2001—2005 年）	“十一五”（2006—2010 年）	“十二五”（2011—2015 年）
环保投资/亿元	166.3	477.3	1 306.5	3 516.4	8 395.1	21 623.3	41 698.8
增速/%		187.0	173.7	169.1	138.7	157.6	92.8

图 2-2　不同五年计划时期环保投资总量及增速

从 1981—2017 年环保投资的相对规模来看（图 2-3），环保投资占 GDP 的比重出现波动，但总体呈递增趋势，在 2010 年达到高点（1.63%）后逐年下降，环保投资占固定资产投资的比重同样出现波动，但总体呈下降趋势。1981—2017 年环保投资占 GDP 的比重范围为 0.46%~1.63%，以 2000 年为分界线，1981—1999 年比重不足 1%，从 0.51%波动上升至 0.91%，2000 年以后占比均在 1%以上。2010 年以后环保投资增长放缓，占 GDP 比重也有所下降，从 2010 年的 1.63%降至 2017 年的 1.15%。1981—2017 年环保投资占固定资产投资的比重范围为 1.49%～3.22%，逐年增长，2011 年以前除部分年份外，大部分年份占比在 2.0%以上，受自身规模下降和固定资产投资快速增长影响，2012 年以来占比呈逐年下降趋势，从 2.20%降至 1.49%。

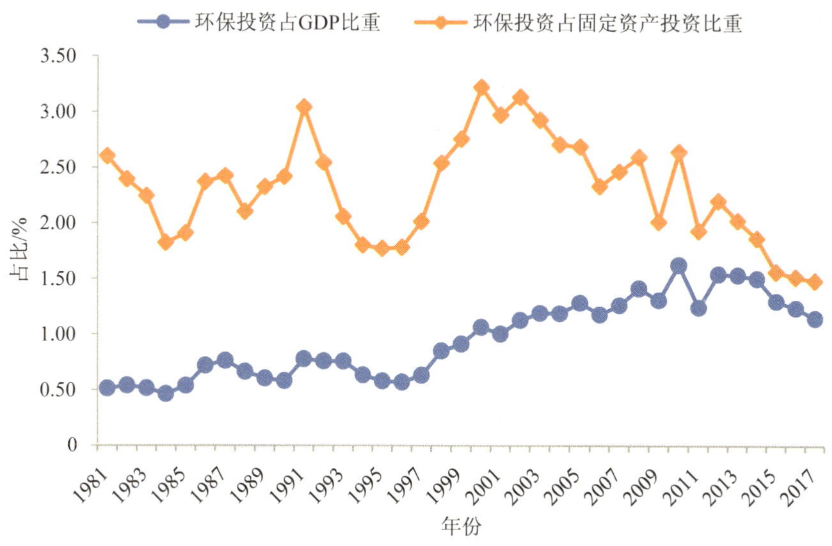

图 2-3　1981—2017 年环保投资占 GDP 和固定资产投资比重情况

从 1981—2017 年环保投资增长率来看（图 2-4），除个别年份（2011 年、2015 年）环保投资规模负增长外，其余年份均呈增长态势，增长率波动范围为−9.4%～55.9%，每个五年计划时期的增长率大致呈现首年较低、结束年份快速提升的特征。以最近三个五年计划时期为例，“十五”时期的第一年，即 2001 年增长率仅为 4.3%，而 2005 年增长率达 25.0%；“十一五”时期的第一年，即 2006 年增长率降为 7.5%，而 2010 年增长率高达 47.0%，五年内增长率呈先慢后快的态势；“十二五”时期的第一年，即 2011 年增长率为−9.4%，受 2011 年基数小的影响，2012 年增长率增至 37.0%，且 2013 年、2014 年继续保持增长，投资规模在 2014 年达到几年来高值 9 575.5 亿元，2015 年呈现负增长（−8.0%）。“十三五”计划的前两年（2016 年、2017 年），增长率均较低，分别为 4.7%、3.5%。

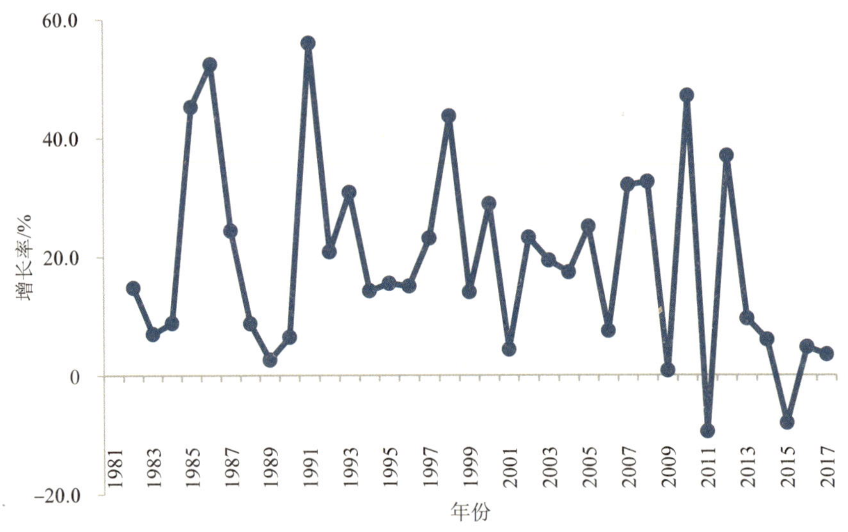

图 2-4　1981—2017 年环保投资增长率

2.2 环保投资结构

2.2.1 总体结构

从 1991—2017 年环保投资各子项投资规模来看（图 2-5），1997 年以前以企业为主体的工业污染源治理投资和建设项目“三同时”环保投资合计高于以政府为主体的城镇环境基础设施投资，1997 年以后城镇环境基础设施投资快速超过工业污染源治理投资，各子项投资规模大致呈递增趋势。

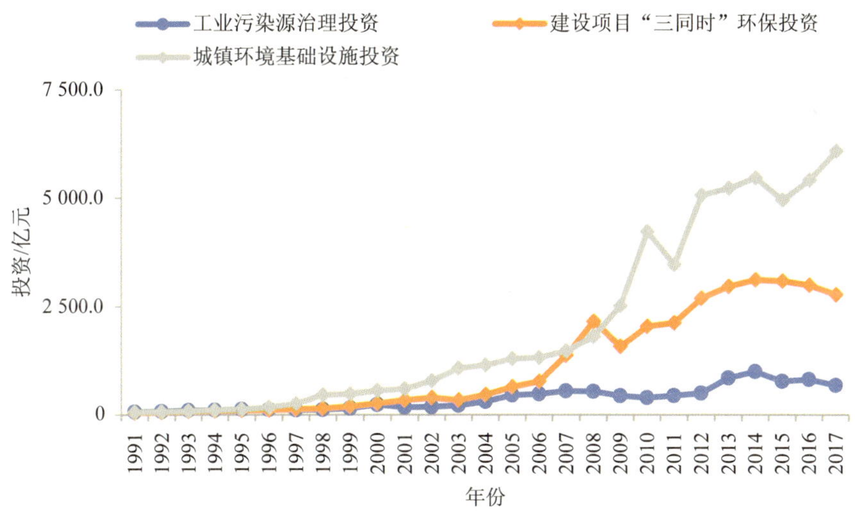

图 2-5　1991—2017 年环保投资各子项投资规模变化

（1）工业污染源治理投资呈波动增长趋势，波动频次最多，投资规模从 1991 年的 67.1 亿元增长至 2017 年的 681.0 亿元，累计总投资 1.0 万亿元。以 2003 年、2013 年为分界点，2003 年以前投资较为平稳，年投资额不足 200 亿元，2004—2012 年投资有所提升，年投资额达到 400 亿～500 亿元的水平，整体也较为平稳，2013 年开始较快增长，当年增加 349.7 亿元，增长 70%，2014 年完成投资 997.7 亿元，达到近年峰值后又呈下降趋势，2017 年完成投资 681.0 亿元。

（2）建设项目“三同时”环保投资总体呈稳步增长态势，累计总投资 3.1 万亿元。以 2014 年为分界点，2014 年以前基本呈逐年上升趋势，从 1991 年的 44.5 亿元增长至 2014 年的 3 113.9 亿元，2015—2017 年呈下降趋势，2017 年投资规模达 2 772.0 亿元。

（3）城镇环境基础设施投资呈持续快速递增趋势，累计总投资 5.4 万亿元。除 2011 年、2015 年呈下降趋势外，其余年份均呈增长趋势，从 1991 年的 58.5 亿元增长至 2017 年的 6 085.8 亿元。

从 1991—2017 年环保投资各子项投资占比来看（图 2-6），以企业

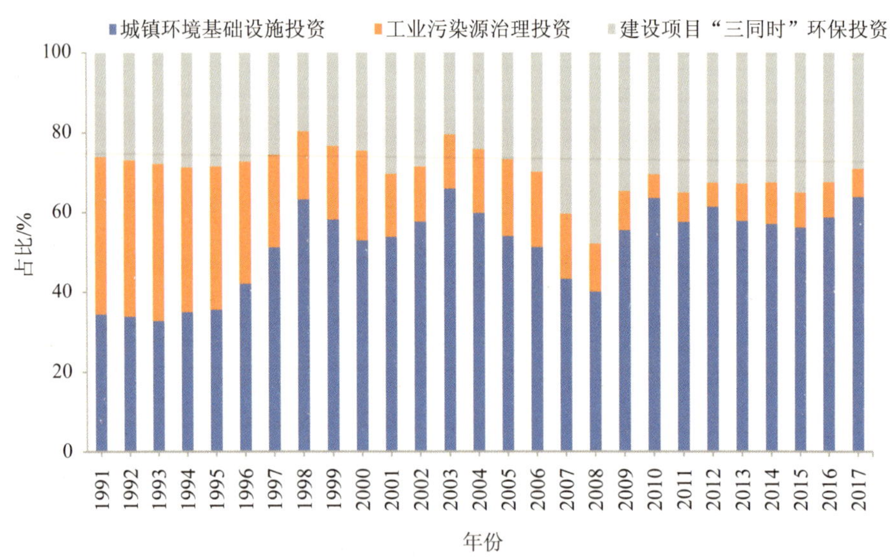

图 2-6　1991—2017 年环保投资各子项投资占比情况

为主体的工业污染源治理投资和建设项目“三同时”环保投资占比呈下降趋势，以政府为主体的城镇环境基础设施投资占比呈上升趋势且近年呈稳定态势，分别从 1991 年的 65.6%下降至 2017 年的 36.2%，从 1991 年的 34.4%上升至 2017 年的 63.8%。具体从几个五年计划时期累计占比来看，工业污染源治理投资占比持续呈下降趋势，“八五”时期和“九五”时期占比较高，分别为 37.7%和 21.5%，“十五”时期和“十一五”时期降至 20%以下，分别为 16.1%和 11.2%，“十二五”时期更是降至 10%以下，达到 8.6%；建设项目“三同时”环保投资占比呈波动上升趋势，从“八五”时期的 27.9%波动上升至“十二五”时期的 33.5%；城镇环境基础设施投资占比基本呈持续上升趋势，从“八五”时期的 34.4%上升至“十二五”时期的 58.0%。

2.2.2 工业污染源治理投资

从 1999—2017 年工业污染源治理投资各子项投资规模来看（图 2-7），工业废气治理投资最高，其次是工业废水治理，工业固体废物治理、工业噪声治理和其他治理投资较少。1999—2017 年，工业废气治理投资总体呈增长趋势，从 51.0 亿元波动增长至 446.3 亿元，尤其是 2013 年增幅最大，投资较上年增长 149.0%，达到 640.9 亿元，2014 年继续增长，投资达到峰值 789.4 亿元之后平稳下降；工业废水治理投资在 2007 年之前呈上升趋势，从 68.8 亿元增长至 195.3 亿元，之后呈下降趋势，降至 2017 年的 76.4 亿元；工业固体废物治理投资总体较为平稳，波动范围为 8.3 亿～46.7 亿元，除个别年份投资水平较低或较高外，大部分年份投资额在 20 亿元上下波动；工业噪声治理投资规模较少，波动范围为 0.6 亿～3.1 亿元，大部分年份投资额不足 2 亿元。

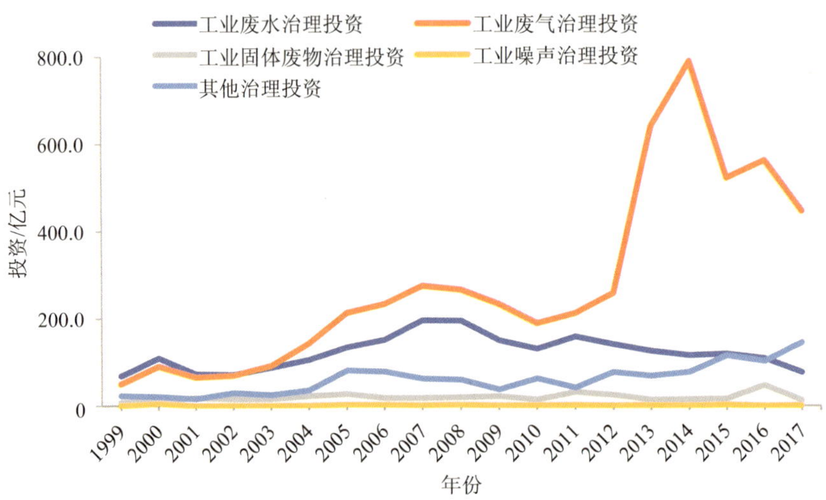

图 2-7　1999—2017 年工业污染源治理投资各子项投资规模

从 1999—2017 年工业污染源治理投资各子项投资占比来看（图 2-8），工业废气治理投资占比呈增加趋势，工业废水治理投资和工业

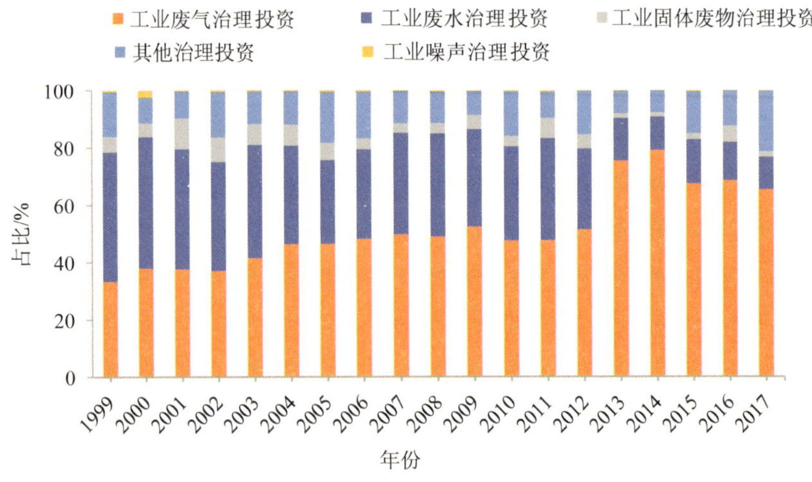

图 2-8　1999—2017 年工业污染源治理投资各子项投资占比情况

固体废物治理投资占比均呈波动下降趋势，工业噪声治理投资占比呈稳定状态。1999—2017 年，工业废气治理投资占比为 33.4%～79.1%，工业废水治理投资占比为 11.2%～45.8%，工业固体废物治理投资占比为 1.5%～10.7%；工业噪声治理投资大部分年份占比不足 1%，占比较低。

2.2.3 建设项目“三同时”环保投资

从 2012—2017 年建设项目“三同时”环保投资各子项投资规模来看（图 2-9），废气治理投资规模大、增长快；废水治理投资规模次之，增长不稳定；绿化及生态环保投资与固体废物治理投资相当，增长缓慢；噪声治理投资较少，变动幅度也较小。2012—2017 年，废气治理投资从

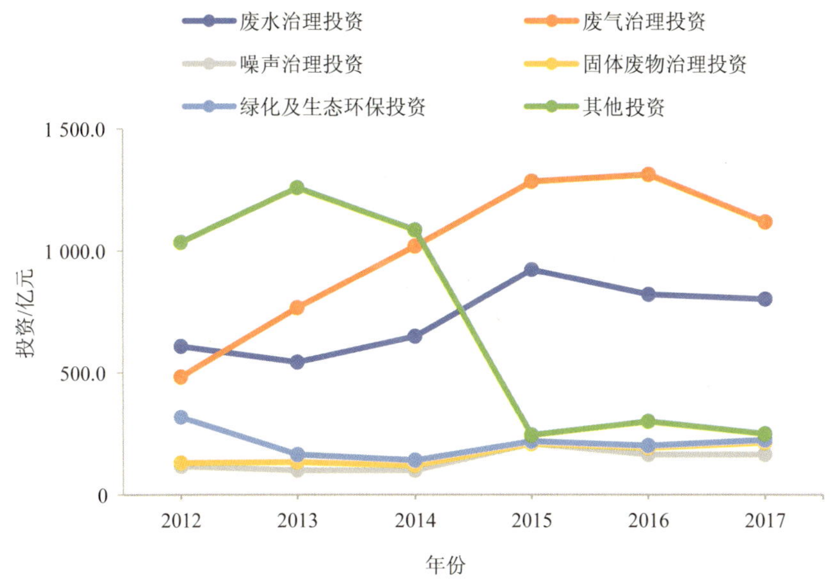

图 2-9　2012—2017 年建设项目“三同时”环保投资各子项投资规模

数据来源：《中国环境年鉴》，2012 年以前未公布分项投资数据。

483.1 亿元增长至 1 118.0 亿元，除 2017 年外呈逐年增长趋势，年均增长 18.3%；废水治理投资从 607.8 亿元增长至 800.9 亿元，增长波动较大，年均增长 5.7%；绿化及生态环保投资排第三位，从 317.1 亿元降至 223.9 亿元，年均增长−6.7%；固体废物治理投资和噪声治理投资分别排第四位和第五位，投资规模分别从 131.6 亿元、116.2 亿元增长至 214.4 亿元、164.5 亿元，年均增长率分别为 10.3%、7.2%。

从 2012—2017 年建设项目“三同时”环保投资各子项投资占比来看（图 2-10），2015 年以前各子项投资占比变动幅度较大，2015 年以后随着“其他”投资分类的进一步明确和缩减，各子项投资占比保持稳定。2015—2017 年，废气治理投资占比最高，占比均值为 41.9%；其次是废水治理投资，占比均值为 28.7%；绿化及生态环保投资、固体废物治理投资、噪声治理投资占比均值分别为 7.3%、7.0%、6.1%。

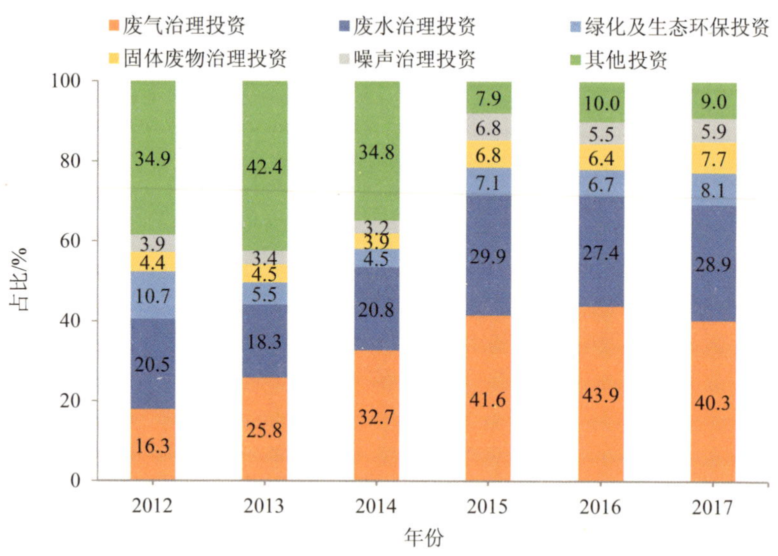

图 2-10　2012—2017 年建设项目“三同时”环保投资各子项投资占比情况

2.2.4 城镇环境基础设施投资

从 1981—2017 年城镇环境基础设施投资各子项投资规模来看（图 2-11），园林绿化工程投资水平最高，其次是排水工程建设投资，集中供热工程建设投资排第三位，燃气工程建设投资和市容环境卫生工程建设投资规模相当。1996 年以前，城镇环境基础设施投资各子项投资水平均较低，均不足 50 亿元，1996 年以后随着全国城镇人口数量的快速增加，且 1998 年开始实施以国债投资基础设施建设为重点的积极财政政策，促进了城镇环境基础设施各领域投资的快速增长。其中，园林绿化工程投资从 1996 年的 27.5 亿元增长至 2017 年的 2 390.2 亿元，年均增长 23.7%；排水工程建设投资从 66.8 亿元增长至 1 727.5 亿元，年均增长 16.8%；集中供热工程建设投资从 15.7 亿元增长至 778.3 亿元，年均增长 20.4%；燃气工程建设投资、市容环境卫生工程建设投资分别从 48.3 亿元、12.5 亿元增长至 566.7 亿元、623.0 亿元，年均增长率分别为 12.4%、20.5%。

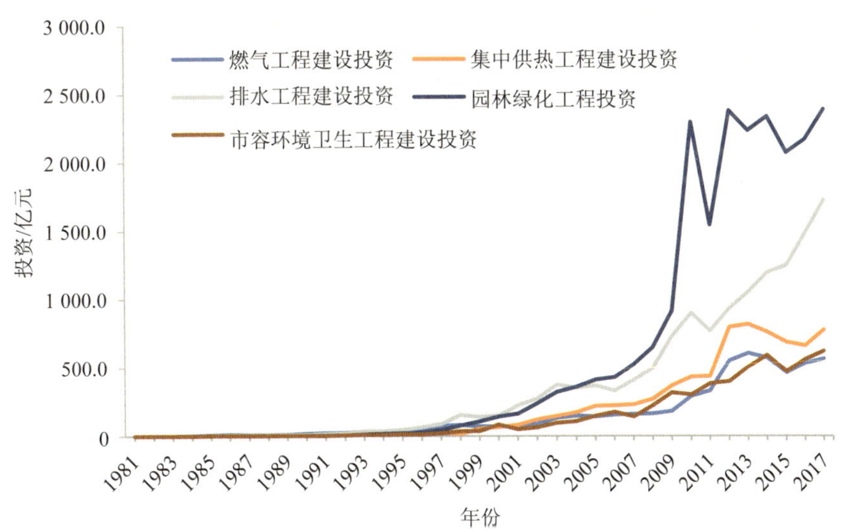

图 2-11　1981—2017 年城镇环境基础设施投资各子项投资规模

从 1986—2017 年城镇环境基础设施投资各子项投资占比来看（图 2-12），园林绿化工程投资占比呈快速增加趋势，排水工程建设投资、集中供热工程建设投资占比略有增长，市容环境卫生工程建设投资占比较为稳定、变动不大，燃气工程建设投资占比呈下降趋势。1981—2017 年，园林绿化工程投资占比从 12.9%快速增长至 39.3%，排水工程建设投资占比从 22.8%缓慢增长至 28.4%，集中供热工程建设投资占比从 6.1%增长至 12.8%，市容环境卫生工程建设投资占比从 10.6%降至 10.2%，燃气工程建设投资占比从 47.5%下降至 9.3%。

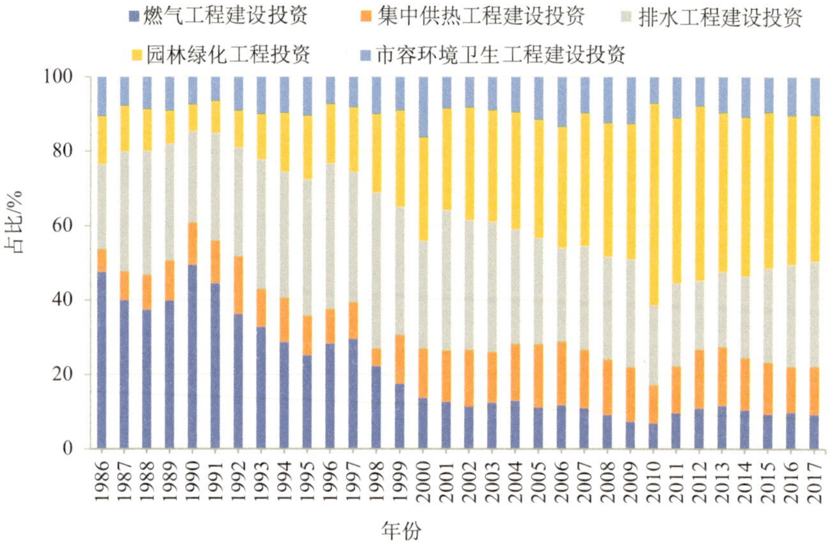

图 2-12　1986—2017 年城镇环境基础设施投资各子项投资占比情况

注：1981—1985 年集中供热投资数据不详。

另外，与环境治理直接相关的城镇污水处理投资、城镇垃圾处理处置投资分别在排水工程建设投资、市容环境卫生工程建设投资部分中，此两项投资也实现了较快增长（图 2-13、图 2-14）。其中，城市、县城的污水、垃圾处理处置投资 2008 年之前增长较为缓慢，之后受积极财政政策和环境基础设施补短板力度加大的影响呈较快增长，乡镇的污水、

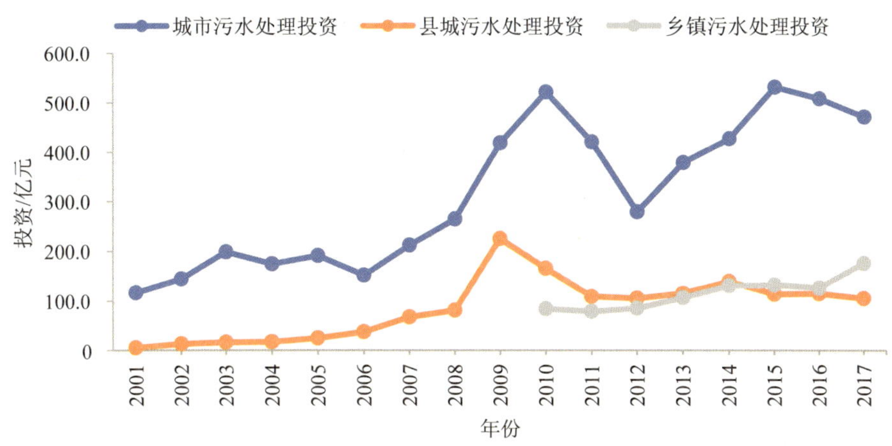

图 2-13　2001—2017 年城镇污水处理投资情况

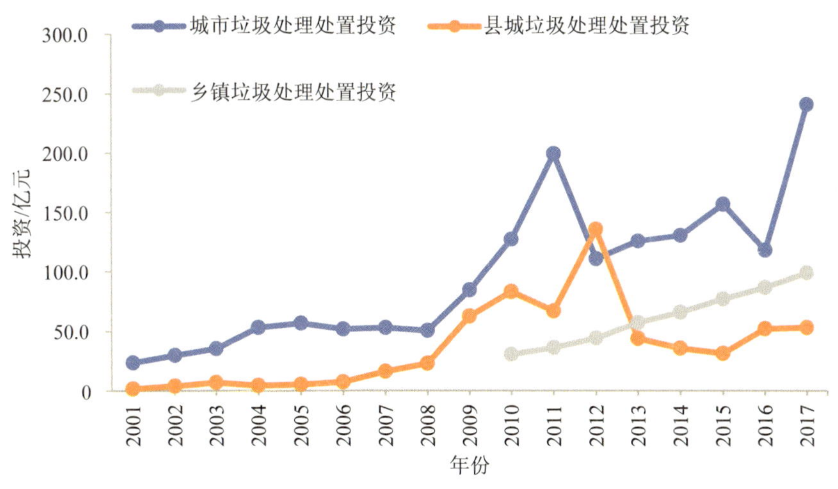

图 2-14　2001—2017 年城镇垃圾处理处置投资情况

垃圾处理处置投资一直呈稳步增长态势。2001—2017 年城镇污水处理投资从 121.7 亿元增长至 752.4 亿元，累计总投资 7 779.9 亿元，年均增长 12.1%；城镇垃圾处理处置投资从 25.1 亿元增长至 393.6 亿元，累计总投资 2 783.6 亿元，年均增长 18.8%。

2.3 环保投资空间分布

2.3.1 各地区环保投资情况

对 2004—2017 年全国各省份环保投资额进行比较分析，分别选取“十五”时期、“十一五”时期、“十二五”时期、“十三五”时期的 2004 年、2009 年、2014 年、2017 年 4 个年份①按照投资额大小进行排序发现：山东、江苏、浙江、河北、北京、广东、内蒙古、安徽等省份环保投资水平始终较高，而云南、甘肃、吉林、贵州、青海、海南、宁夏、西藏等省份投资水平较低；2009 年、2014 年各省份投资均有不同程度的增加，2017 年天津、山西、内蒙古等 12 个省份出现投资下滑。31 个省份环保投资增长情况见图 2-15。

从区域角度来看（图 2-16），各区域环保投资均有所增加，东部地区环保投资水平始终保持较高状态，但占全国比重略有下降，中部地区、西部地区环保投资增速较快，占全国比重有不同程度的增加，东北地区环保投资一直处于低位，增幅变化不明显。其中，东部地区投资从 997.1 亿元增长至 4 264.2 亿元，占比从 54.9%降至 44.7%，且在 2017 年出现小幅下降（−0.9%）；中部地区投资从 250.8 亿元增长至 2 393.8 亿元，

① 2004 年开始有分省列出的投资情况，2017 年为最新年份数据，再分别取间隔 5 年的 2009 年、2014 年为分析对象，工业污染源治理投资、建设项目“三同时”环保投资、城镇环境基础设施投资也以此 4 个年份开展研究。

占比从 13.8%提升至 25.1%；西部地区投资从 352.2 亿元增长至 2 435.3 亿元，占比从 19.4%提升至 25.5%；东北地区变动幅度较小，从 215.5 亿元增长至 442.2 亿元，且在 2017 年出现了大幅下降（−19.9%）。

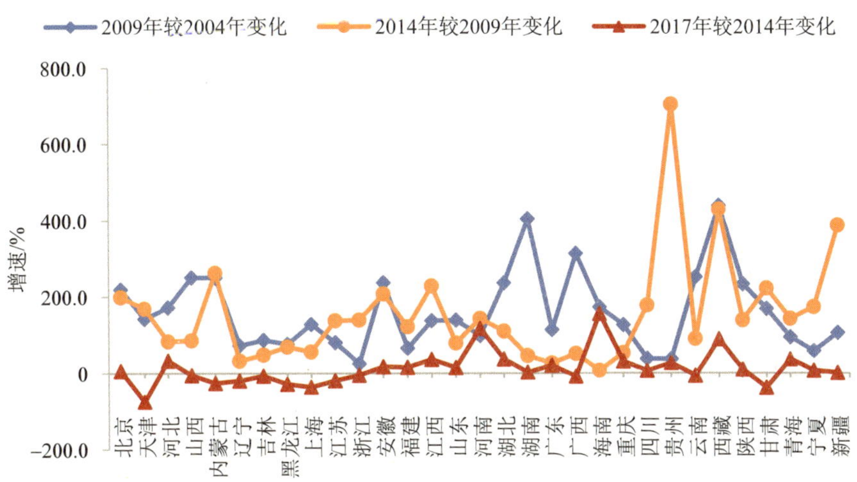

图 2-15　2009 年、2014 年、2017 年 31 个省份环保投资增长情况

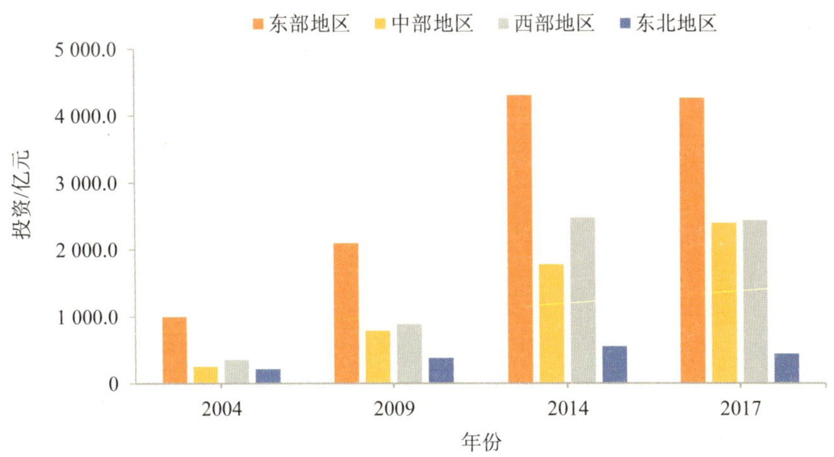

图 2-16　2004 年、2009 年、2014 年、2017 年各地区环保投资规模

2.3.2 各地区工业污染源治理投资

从投资规模来看（表 2-1），除个别省份外，大部分省份工业污染源治理投资水平较低，受国家政策倒逼企业责任落实的影响，2009 年、2014 年工业污染源治理投资呈增加态势，但 2017 年 25 个省份（占比 80.6%）投资较 2014 年有所下降。山东、江苏、广东、山西、浙江、辽宁、河北、河南等省份工业污染源治理投资水平始终保持较高水平，而云南、吉林、贵州、重庆、青海、海南、宁夏、西藏等省份投资水平持续较低。

表 2-1　2004 年、2009 年、2014 年、2017 年各省份工业污染源治理投资情况

序号	2004 年		2009 年		2014 年		2017 年	
	省份	投资/亿元	省份	投资/亿元	省份	投资/亿元	省份	投资/亿元
1	山东	40.3	山东	51.6	山东	141.6	山东	113.1
2	广东	26.1	山西	38.7	河北	89.0	山西	51.5
3	辽宁	22.7	湖北	28.1	内蒙古	77.5	河南	50.5
4	福建	22.5	江苏	27.1	浙江	67.6	上海	44.8
5	四川	22.2	广东	22.7	河南	55.5	江苏	44.8
6	江苏	22.0	陕西	20.6	江苏	48.5	内蒙古	42.1
7	山西	17.7	辽宁	19.7	福建	42.4	广东	42
8	河南	14.2	浙江	19.4	辽宁	38.2	浙江	36.9
9	河北	13.1	天津	18.0	广东	37.9	河北	34.3
10	浙江	11.3	内蒙古	17.8	陕西	33.4	安徽	25.9
11	湖北	9.8	河南	15.4	新疆	31.7	湖北	17.5

<table>
<tr><th rowspan="2">序号</th><th colspan="2">2004 年</th><th colspan="2">2009 年</th><th colspan="2">2014 年</th><th colspan="2">2017 年</th></tr>
<tr><th>省份</th><th>投资/亿元</th><th>省份</th><th>投资/亿元</th><th>省份</th><th>投资/亿元</th><th>省份</th><th>投资/亿元</th></tr>
<tr><td>12</td><td>湖南</td><td>7.9</td><td>新疆</td><td>14.3</td><td>山西</td><td>31.1</td><td>陕西</td><td>17.2</td></tr>
<tr><td>13</td><td>天津</td><td>7.3</td><td>湖南</td><td>13.4</td><td>宁夏</td><td>27.3</td><td>北京</td><td>15.7</td></tr>
<tr><td>14</td><td>安徽</td><td>6.1</td><td>河北</td><td>13.2</td><td>湖北</td><td>26.3</td><td>福建</td><td>14.7</td></tr>
<tr><td>15</td><td>甘肃</td><td>6.0</td><td>福建</td><td>12.9</td><td>云南</td><td>24.4</td><td>新疆</td><td>13.5</td></tr>
<tr><td>16</td><td>江西</td><td>6.0</td><td>甘肃</td><td>12.3</td><td>四川</td><td>23.2</td><td>辽宁</td><td>13</td></tr>
<tr><td>17</td><td>陕西</td><td>5.4</td><td>广西</td><td>11.7</td><td>天津</td><td>22.1</td><td>四川</td><td>12.7</td></tr>
<tr><td>18</td><td>黑龙江</td><td>5.4</td><td>安徽</td><td>10.8</td><td>贵州</td><td>18.5</td><td>江西</td><td>10.6</td></tr>
<tr><td>19</td><td>宁夏</td><td>5.3</td><td>黑龙江</td><td>9.9</td><td>广西</td><td>17.9</td><td>吉林</td><td>9.1</td></tr>
<tr><td>20</td><td>北京</td><td>4.8</td><td>四川</td><td>9.6</td><td>黑龙江</td><td>17.8</td><td>黑龙江</td><td>9.1</td></tr>
<tr><td>21</td><td>云南</td><td>4.6</td><td>云南</td><td>9.5</td><td>上海</td><td>17.8</td><td>湖南</td><td>8.6</td></tr>
<tr><td>22</td><td>上海</td><td>4.5</td><td>贵州</td><td>8.9</td><td>甘肃</td><td>17.6</td><td>宁夏</td><td>8.6</td></tr>
<tr><td>23</td><td>内蒙古</td><td>4.3</td><td>吉林</td><td>7.9</td><td>安徽</td><td>17.6</td><td>天津</td><td>7.8</td></tr>
<tr><td>24</td><td>吉林</td><td>4.2</td><td>重庆</td><td>6.9</td><td>湖南</td><td>17.3</td><td>广西</td><td>7.6</td></tr>
<tr><td>25</td><td>贵州</td><td>4.1</td><td>上海</td><td>6.8</td><td>吉林</td><td>16.4</td><td>甘肃</td><td>7.5</td></tr>
<tr><td>26</td><td>新疆</td><td>3.8</td><td>宁夏</td><td>4.3</td><td>江西</td><td>12.3</td><td>重庆</td><td>6.1</td></tr>
<tr><td>27</td><td>广西</td><td>3.6</td><td>江西</td><td>4.0</td><td>北京</td><td>7.6</td><td>云南</td><td>6</td></tr>
<tr><td>28</td><td>重庆</td><td>2.9</td><td>北京</td><td>3.4</td><td>青海</td><td>7.5</td><td>贵州</td><td>5.3</td></tr>
<tr><td>29</td><td>青海</td><td>0.3</td><td>青海</td><td>2.9</td><td>海南</td><td>5.6</td><td>海南</td><td>3.4</td></tr>
<tr><td>30</td><td>海南</td><td>0.2</td><td>海南</td><td>0.4</td><td>重庆</td><td>5.0</td><td>青海</td><td>1.5</td></tr>
<tr><td>31</td><td>西藏</td><td>0.0</td><td>西藏</td><td>0.0</td><td>西藏</td><td>1.0</td><td>西藏</td><td>0.1</td></tr>
</table>

从投资分布来看（表 2-2），除个别省份投资水平较高外，大部分省份投资水平在 50 亿元以内。其中，2004 年 21 个省份（占比 67.7%）

投资不足10亿元，仅山东省投资超40亿元；2009年各省份投资均有所增加，投资10亿元以内的省份有所减少，但各省投资规模仍较小，25个省份（占比80.6%）投资不足20亿元，仅山东省投资超50亿元；2014年山东、河北、内蒙古、浙江、河南5个省份加大治理力度，投资超50亿元，山东省投资高达141.6亿元；2017年部分省份投资回落，仅山东、山西、河南3个省份投资超50亿元，投资不足10亿元的省份较2014年增加8个，回落至2009年水平。

表2-2　2004年、2009年、2014年、2017年工业污染源治理投资分布统计

投资区间/亿元	2004年	2009年	2014年	2017年
0～10	21	13	5	13
10～20	4	12	9	8
20～30	5	4	5	1
30～40	0	1	5	2
40～50	1		2	4
50～60		1	1	2
60～70			1	
70～80			1	
80～90			1	
110～120				1
140～150			1	
合计	31	31	31	31

从区域角度来看（图2-17），东部地区工业污染源治理投资水平最高，占比始终在40%以上，中部地区、西部地区投资差距逐渐拉大，西部地区增速快于中部地区，东北地区也在2014年、2017年出现了较快增长。其中，东部地区投资从146.5亿元增长至289.8亿元，占比从47.5%

降至 42.5%，在 2017 年出现较大降幅（−40.5%）；中部地区投资变动幅度较小，投资从 53.3 亿元增长至 83.0 亿元，占比从 17.3%降至 12.2%，增速也滞后于其他区域；西部地区投资从 54.9 亿元增长至 161.9 亿元，增速较快，占比从 17.8%增长至 23.8%；东北地区投资从 53.9 亿元增长至 146.8 亿元，分别在 2014 年、2017 年实现了较快增长，占比从 17.5%增长至 21.5%。

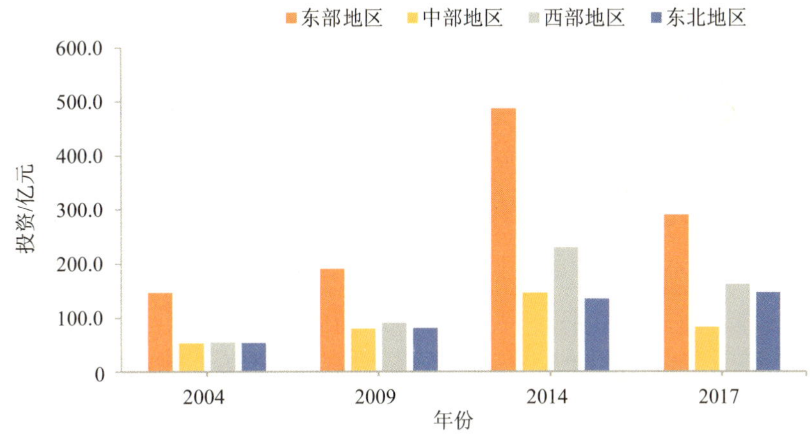

图 2-17　2004 年、2009 年、2014 年、2017 年各地区工业污染源治理投资规模

2.3.3 各地区建设项目“三同时”环保投资

从投资规模来看（表 2-3），2009 年、2014 年大部分省份建设项目“三同时”环保投资有所增长，2017 年 14 个省份投资回落，山东、江苏、浙江、广东、河北、山西、湖北、安徽等省份建设项目“三同时”环保投资始终保持在较高水平，而江西、黑龙江、广西、甘肃、吉林、宁夏、青海、西藏等省份建设项目“三同时”环保投资水平持续较低。

表 2-3　2004 年、2009 年、2014 年、2017 年各省份建设项目“三同时”环保投资情况

序号	2004 年		2009 年		2014 年		2017 年	
	省份	投资/亿元	省份	投资/亿元	省份	投资/亿元	省份	投资/亿元
1	浙江	57.7	山东	111.9	江苏	252.8	山东	393.2
2	江苏	48.4	江苏	110.0	山东	192.0	江苏	307.0
3	辽宁	30.3	上海	89.3	新疆	189.3	河北	259.6
4	山东	27.2	浙江	79.6	浙江	177.6	广东	177.4
5	广东	25.1	河北	76.4	广东	170.0	浙江	131.9
6	福建	14.5	山西	55.4	内蒙古	165.4	贵州	125.4
7	重庆	13.1	湖北	51.9	上海	150.2	新疆	121.1
8	上海	11.9	河南	48.0	四川	116.8	湖北	112.6
9	山西	9.3	福建	42.9	安徽	108.1	安徽	109.8
10	河北	9.2	湖南	42.7	辽宁	103.8	河南	107.7
11	四川	9.1	四川	42.4	河北	100.2	内蒙古	99.0
12	黑龙江	9	重庆	40.6	山西	83.4	陕西	84.1
13	北京	8.6	陕西	37.4	北京	81.2	山西	78.6
14	新疆	8	云南	36.6	天津	79.6	辽宁	77.7
15	湖北	7.9	广西	35.5	湖北	78.5	四川	75.2
16	广西	7.9	安徽	35.1	云南	71.2	重庆	72.7
17	云南	7.4	广东	34.1	重庆	70.8	江西	65.7
18	安徽	6.9	辽宁	32.3	贵州	67.9	福建	64.1

<table>
<tr><th rowspan="2">序号</th><th colspan="2">2004 年</th><th colspan="2">2009 年</th><th colspan="2">2014 年</th><th colspan="2">2017 年</th></tr>
<tr><th>省份</th><th>投资/亿元</th><th>省份</th><th>投资/亿元</th><th>省份</th><th>投资/亿元</th><th>省份</th><th>投资/亿元</th></tr>
<tr><td>19</td><td>河南</td><td>6.7</td><td>天津</td><td>29.6</td><td>河南</td><td>66.8</td><td>湖南</td><td>49.2</td></tr>
<tr><td>20</td><td>吉林</td><td>5.7</td><td>北京</td><td>25.0</td><td>甘肃</td><td>57.7</td><td>黑龙江</td><td>37.7</td></tr>
<tr><td>21</td><td>湖南</td><td>5.4</td><td>内蒙古</td><td>24.4</td><td>陕西</td><td>48.4</td><td>云南</td><td>35.5</td></tr>
<tr><td>22</td><td>内蒙古</td><td>5.3</td><td>新疆</td><td>19.1</td><td>江西</td><td>46.5</td><td>广西</td><td>31.5</td></tr>
<tr><td>23</td><td>江西</td><td>4.9</td><td>江西</td><td>18.0</td><td>黑龙江</td><td>40.3</td><td>宁夏</td><td>31.1</td></tr>
<tr><td>24</td><td>青海</td><td>4.8</td><td>吉林</td><td>15.7</td><td>广西</td><td>34.7</td><td>青海</td><td>21.7</td></tr>
<tr><td>25</td><td>陕西</td><td>4.5</td><td>宁夏</td><td>14.4</td><td>湖南</td><td>28.6</td><td>甘肃</td><td>20.9</td></tr>
<tr><td>26</td><td>天津</td><td>4.4</td><td>黑龙江</td><td>13.8</td><td>宁夏</td><td>26.8</td><td>吉林</td><td>20.7</td></tr>
<tr><td>27</td><td>贵州</td><td>4.3</td><td>甘肃</td><td>13.5</td><td>吉林</td><td>15.3</td><td>天津</td><td>19.0</td></tr>
<tr><td>28</td><td>海南</td><td>3.8</td><td>贵州</td><td>7.1</td><td>西藏</td><td>11.1</td><td>上海</td><td>18.1</td></tr>
<tr><td>29</td><td>宁夏</td><td>2.4</td><td>青海</td><td>5.6</td><td>福建</td><td>8.6</td><td>海南</td><td>10.5</td></tr>
<tr><td>30</td><td>甘肃</td><td>2</td><td>海南</td><td>4.1</td><td>海南</td><td>8.4</td><td>北京</td><td>9.7</td></tr>
<tr><td>31</td><td>西藏</td><td>0.1</td><td>西藏</td><td>0.0</td><td>青海</td><td>7.5</td><td>西藏</td><td>0.3</td></tr>
</table>

从投资分布来看（表 2-4），建设项目“三同时”环保投资水平较高的省份数量逐渐增多，投资差距不断拉大。其中，2004 年绝大部分省份（26 个省份，占比 83.9%）建设项目“三同时”环保投资不足 20 亿元，仅浙江、江苏两省投资水平较高；2009 年各省份投资快速增长，投资 20 亿元以内省份减少至 10 个，超一半省份（16 个省份，占比 51.6%）投资为 20 亿～60 亿元，山东、江苏两省份投资超 100 亿元；2014 年投资 20 亿元以内的省份降至 5 个，其余 26 个省份投资为 20 亿～260 亿元，

投资差距拉大，最低投资 7.5 亿元，最高投资达 252.8 亿元；2017 年继续保持 2014 年投资特征，投资差距进一步拉大，最低投资 0.3 亿元，而最高投资接近 400 亿元。

表 2-4　2004 年、2009 年、2014 年、2017 年建设项目“三同时”环保投资分布统计

投资额分布/亿元	2004 年	2009 年	2014 年	2017 年
0～20	26	10	5	5
20～40	3	9	3	7
40～60	2	7	4	1
60～80		2	6	6
80～100		1	2	2
100～120		2	4	3
120～140				3
140～160			1	
160～180			3	1
180～200			2	
240～260			1	1
300～320				1
380～400				1
合计	31	31	31	31

从区域角度来看（图 2-18），除西部地区外，其他地区建设项目“三同时”环保投资均保持持续增长态势，尤其是东部地区、东北地区，分别在 2009 年、2014 年呈翻倍增长趋势，而中部地区增长较为稳定。其

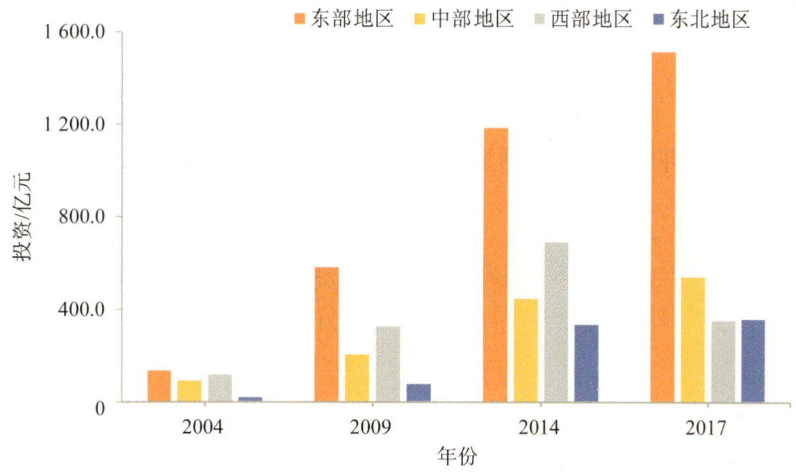

图 2-18　2004 年、2009 年、2014 年、2017 年各地区建设项目“三同时”环保投资规模

中，东部地区投资从 134.9 亿元快速增长至 1 514.8 亿元，占比从 36.9%提高至 54.7%；中部地区投资稳步增长，从 92.4 亿元逐步增长至 541.7 亿元，占比从 25.3%降至 19.6%；西部地区投资从 118.3 亿元波动增长至 353.1 亿元，2017 年较 2014 年出现较大降幅（−48.9%），占比从 32.3%降至 12.8%；东北地区投资从 20.2 亿元快速增长至 359.1 亿元，占比从 5.5%提升至 13.0%。

2.3.4　各地区城镇环境基础设施投资

从投资规模来看（表 2-5），大部分省份城镇环境基础设施投资呈持续增长态势，2017 年 11 个省份投资回落，江苏、山东、广东、浙江、北京、河北、安徽、内蒙古等省份城镇环境基础设施投资始终保持在较高水平，江西、云南、贵州、云南、福建、宁夏、甘肃、吉林等省份城镇环境基础设施投资水平持续较低。

表 2-5　2004 年、2009 年、2014 年、2017 年各省份城镇环境基础设施投资情况

序号	2004 年		2009 年		2014 年		2017 年	
	省份	投资/亿元	省份	投资/亿元	省份	投资/亿元	省份	投资/亿元
1	江苏	134.6	山东	296.0	江苏	579.3	北京	640.0
2	山东	124.5	江苏	232.8	北京	535.6	河南	483.1
3	浙江	89.3	广东	183.3	山东	490.1	山东	442.5
4	河北	69.0	北京	180.2	内蒙古	319.4	安徽	369.3
5	辽宁	65.9	河北	159.0	安徽	303.0	江苏	363.6
6	广东	61.1	辽宁	152.9	河北	266.3	河北	311.9
7	上海	53.8	内蒙古	113.0	浙江	229.0	湖北	304.5
8	北京	52.0	浙江	99.1	湖北	211.7	浙江	284.1
9	黑龙江	46.8	安徽	93.3	陕西	203.5	内蒙古	278.4
10	四川	43.4	湖南	90.3	山西	178.7	新疆	250.9
11	河南	40.2	广西	85.0	天津	177.2	江西	239.3
12	内蒙古	34.7	黑龙江	84.1	河南	172.9	四川	220.3
13	重庆	32.3	湖北	70.6	江西	172.3	陕西	213.2
14	天津	31.1	上海	63.9	新疆	171.4	湖南	161.5
15	安徽	28.3	山西	63.8	湖南	167.8	山西	148.1
16	湖北	27.1	重庆	62.1	四川	148.1	广东	146.8
17	新疆	26.0	陕西	61.0	广西	147.9	福建	145.5

序号	2004 年		2009 年		2014 年		2017 年	
	省份	投资/亿元	省份	投资/亿元	省份	投资/亿元	省份	投资/亿元
18	陕西	25.8	河南	57.9	福建	142.4	广西	145.1
19	吉林	25.5	天津	56.1	辽宁	129.5	重庆	143.4
20	广西	20.5	四川	51.5	黑龙江	124.1	辽宁	128.4
21	江西	18.7	江西	48.5	广东	95.3	云南	101.1
22	山西	18.0	新疆	44.8	重庆	92.6	上海	97.5
23	湖南	15.7	吉林	42.4	贵州	84.0	贵州	86.0
24	福建	15.6	云南	33.5	上海	82.0	黑龙江	84.5
25	云南	10.6	福建	31.5	甘肃	68.1	吉林	61.8
26	宁夏	10.4	甘肃	18.6	吉林	66.4	甘肃	61.0
27	甘肃	8.5	海南	15.2	云南	56.4	宁夏	44.8
28	贵州	7.0	宁夏	10.0	宁夏	24.6	天津	44.3
29	海南	3.2	贵州	5.1	青海	15.0	海南	40.1
30	青海	1.2	青海	3.7	海南	7.1	西藏	26.8
31	西藏	0.4	西藏	2.7	西藏	2.2	青海	17.9

从投资分布来看（表 2-6），城镇环境基础设施投资水平高的省份数量逐渐增多，投资差距不断拉大。其中，2004 年大部分省份（23 个省份，占比 74.2%）城镇环境基础设施投资不足 50 亿元，仅江苏、山东两省投资超过 100 亿元；2009 年部分省份投资快速增长，50 亿元以内省份减少至 11 个，42%的省份投资为 50 亿～100 亿元，山东、江苏、广东等 7 个省份投资超过 100 亿元；2014 年各省份投资差距进一步拉大，从 2.2 亿元至 579.3 亿元，高投资水平的省份增多，仅 4 个省份投资不

足 50 亿元；2017 年继续保持 2014 年投资特征，投资差距拉大趋势更为明显。

表 2-6　2004 年、2009 年、2014 年、2017 年城镇环境基础设施投资分布统计

投资区间/亿元	2004 年	2009 年	2014 年	2017 年
0～50	23	11	4	5
50～100	6	13	7	5
100～150	2	1	5	7
150～200		4	6	1
200～250		1	3	3
250～300		1	1	3
300～350			2	2
350～400				2
400～450			1	1
450～500			1	1
550～500				
600～650			1	1
总计	31	31	31	31

从区域角度来看（图 2-19），各地区城镇环境基础设施投资均保持持续增长态势，东部地区投资水平最高，占比保持在 40%以上，而中部地区、西部地区和东北地区投资增速较快，占比也有所增加。其中，东部地区投资从 583.6 亿元增长至 2 691.9 亿元，占比从 51.1%降至 44.2%；中部地区投资从 213.7 亿元增长至 1 403.2 亿元，占比从 18.7%增长至

23.1%，在 2014 年实现了较高增长（167.5%）；西部地区投资从 177.0 亿元增长至 1 106.3 亿元，占比从 15.5%增长至 18.2%，在 2009 年实现了较高增长（189.4%）；东北地区投资从 166.9 亿元增长至 884.3 亿元，占比变化不大，从 14.6%降至 14.5%。

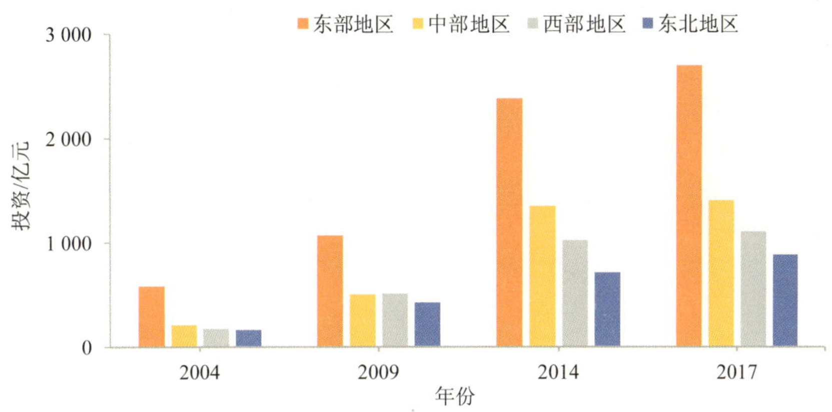

图 2-19　2004 年、2009 年、2014 年、2017 年各地区城镇环境基础设施投资规模

2.4 小结

1981—2019 年，环保投资总量呈持续递增趋势，从“六五”时期 5 年投资总量不足 500 亿元到“十三五”时期年度投资超过 9 000 亿元。以政府为主体的城镇环境基础设施投资占比不断加大，于 1997 年超过以企业为主体的工业污染源治理投资和建设项目“三同时”环保投资。东部地区环保投资始终保持较高水平，但占全国比重略有下降，中部地区、西部地区环保投资增速较快，占全国比重有不同程度的增加，东北地区环保投资一直处于低位，增幅变化不明显。

3

财政环保支出

3.1 一般公共预算环保支出

3.1.1 支出规模

根据财政部公开资料，2007—2019 年全国财政累计投入生态环境保护支出约 4.86 万亿元，支出规模呈逐年增长趋势，但支出增长很不稳定，往往在环境保护重大计划发布首年有很大增长，中间年份增长减速，而重大计划一般持续 3～5 年，每年均需新增资金投入。2007—2010 年受新增“211”科目调整影响（如 2008 年增加能源节约利用、2009 年增加资源综合利用），财政环保支出规模增长较快，从 995.8 亿元增长至 2 457.1 亿元，增长率分别高达 45.7%、33.3%、27.0%。2011 年、2012 年随着支出科目稳定，支出增长缓慢（分别增长 8.2%、12.4%），2013 年，《大气污染防治行动计划》发布实施，支出规模开始呈现较快增长，当年支出增加 476.2 亿元，达到 3 464.1 亿元，增速为 15.9%，而 2014 年增速又降为 11.3%。2015 年，《水污染防治行动计划》发布实施，财政环保支出在当年又出现较高增长，支出增加 996.1 亿元，达到 4 851.7 亿元，增速达 25.8%，而 2016 年增速出现较大降幅，仅增长 0.8%。2018 年作为污染防治攻坚任务部署首年，财政环保支出继续增长，支出较上年增加 695.4 亿元，达到 6 475.4 亿元，增速达到 12.0%，而 2019 年支出增速预算数下降为 4.7%（图 3-1）。

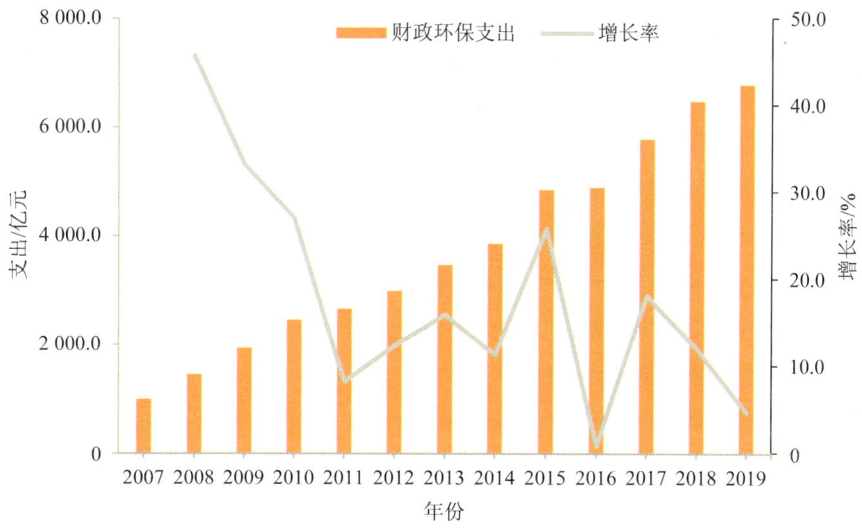

图 3-1　2007—2019 年全国财政环保支出规模及增长率

从 2007—2019 年中央（含本级和转移支付，下同）和地方（指本级，下同）支出情况来看（图 3-2），地方支出增速快于中央支出增速，2015 年以后地方支出规模超过中央支出规模，说明地方在环境质量考核、环保督察等压力传导下，加大了生态环境投入力度。2007—2019 年，中央财政累计环保支出 2.32 万亿元，占全国财政环保总支出的 47.7%，支出规模从 782.1 亿元增长至 2 399.7 亿元，增长了 2.1 倍，在 2013 年

（−9.7%）、2016 年（−7.7%）、2019 年（−1.4%）增速出现了下降，其余年份呈增长趋势，2008 年增速最高（33.1%）；地方财政累计环保支出 2.54 万亿元，占全国财政环保总支出的 52.3%，支出规模从 213.7 亿元增长至 4 384.1 亿元，增长 19.5 倍，除 2012 年（−4.5%）增速下降外，其余年份均呈增长趋势，尤其是 2008 年、2009 年、2013 年、2015 年、2017 年，增速均超过 30%，说明地方政府支出力度不断加大。

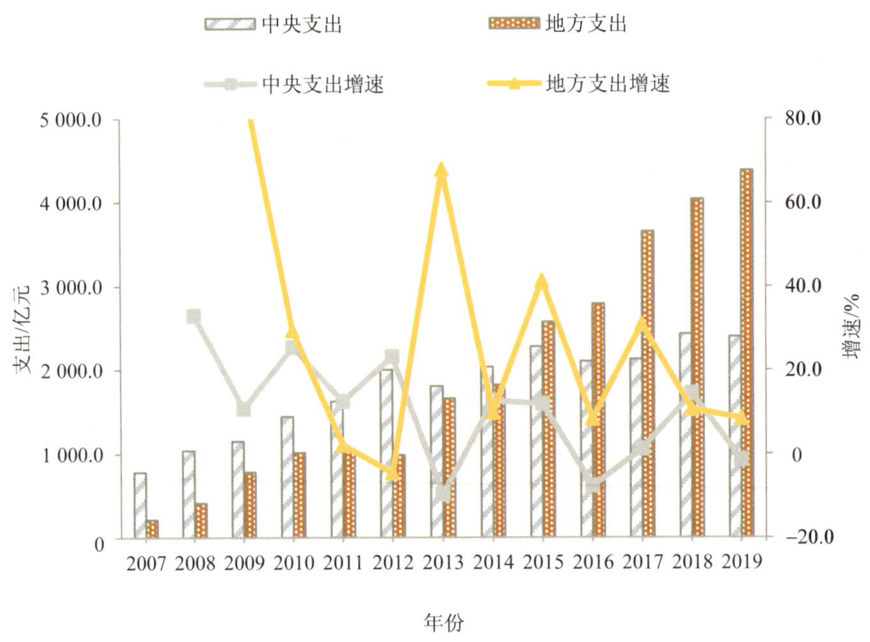

图 3-2　2007—2019 年中央和地方环保支出规模及增速

中央、地方环境保护支出结构逐渐由 78∶22 调整为 35∶65。2007—2019 年中央支出占比从 78.5%降至 35.4%，地方支出占比从 21.5%提升至 64.6%（图 3-3）。

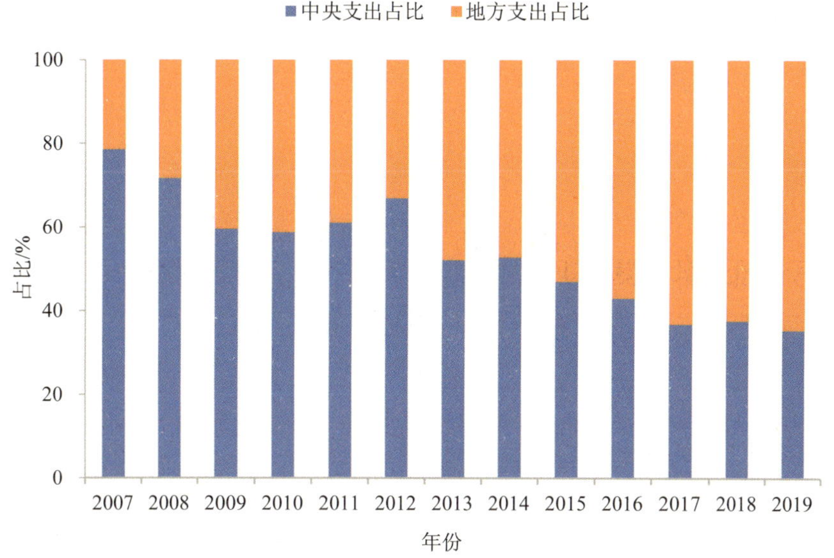

图 3-3　2007—2019 年中央和地方环保支出占比情况

中央通过转移支付为地方提供大量资金，起到平衡地方生态环境投入财力的作用。由表 3-1 可见，在生态环境领域中央对地方转移支付由 2007 年的 747.5 亿元增长至 2019 年的 2 034.7 亿元，转移支付占中央财政环保支出的比例始终保持在 80%以上，个别年份甚至高达 95%以上。地方本级环保支出比例在逐渐加大，2007—2013 年转移支付占地方支出比例在 50%以上，之后年份呈下降趋势，2019 年下降至 31.7%。

表 3-1　2007—2019 年生态环境领域中央对地方转移支付情况

年份	中央对地方转移支付/亿元	转移支付占中央支出的比重/%	转移支付占地方支出的比重/%
2007	747.5	95.6	77.8
2008	974.1	93.6	70.3

年份	中央对地方转移支付/亿元	转移支付占中央支出的比重/%	转移支付占地方支出的比重/%
2009	1 113.9	96.7	58.7
2010	1 373.6	95.1	57.6
2011	1 548.8	95.3	60.0
2012	1 934.8	96.7	66.2
2013	1 703.7	94.3	50.7
2014	1 688.3	83.0	48.1
2015	1 874.0	82.3	42.1
2016	1 804.3	85.8	39.3
2017	1 773.2	83.4	32.7
2018	2 003.0	82.3	33.1
2019	2 034.7	84.8	31.7

3.1.2 支出占比

从 2007—2019 年相对规模来看，全国财政环保支出占全国财政支出比重呈波动上升趋势，在 2011—2014 年出现短暂下降，之后逐渐回升，2019 年占比为 2.84%，全国财政环保支出占全国 GDP 比重较为稳定。2007—2019 年，全国财政环保支出占全国财政支出的比重为 2.00%～2.93%，变化大致分为三个阶段：2007—2010 年逐年增加，从 2.00%增长至 2.73%；2011—2014 年是波谷阶段，占比稳定在 2.37%～2.54%；2015—2019 年恢复增长，从 2.76%增长至 2.84%。全国财政环保支出占全国 GDP 的比重变化浮动范围较小，从 2007 年的 0.37%波动上升至 2019 年的 0.68%，且 2015—2019 年基本稳定在 0.7%（图 3-4）。

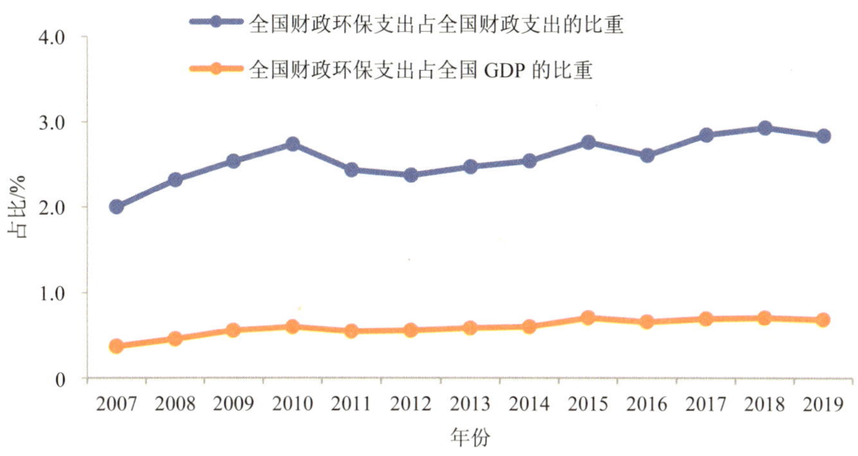

图 3-4　2007—2019 年全国财政环保支出占全国财政支出比重和占全国 GDP 的比重

从 2007—2018 年中央和地方来看，中央环保支出占中央财政支出的比重较为稳定，地方环保支出占地方财政支出的比重呈波动增长趋势，在 2016 年超过中央财政支出比重。2007—2018 年，中央环保支出占中央财政支出的比重为 2.22%～3.12%，波动幅度较小，2012 年之前基本呈上升趋势，由 2007 年的 2.64%上升至 2012 年的 3.12%，2013 年开始有所回落，2018 年为 2.38%，虽有波动，但范围较小。地方财政环保支出占地方财政支出的比重为 0.56%～3.19%，波动幅度较大，大致分为三个阶段，2007—2010 年为上升阶段，从 0.56%增长至 2.18%；2011 年、2012 年为短暂下降阶段；2013—2018 年为波动上升阶段，从 2.16%增长至 3.19%（图 3-5）。

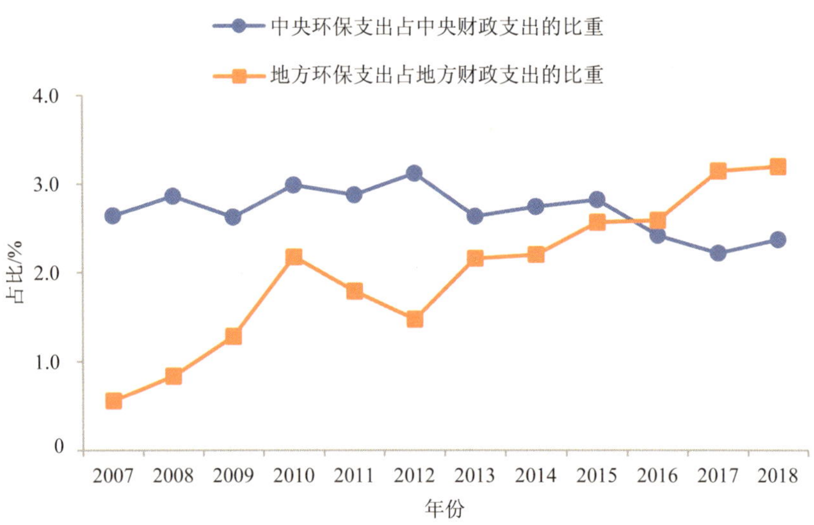

图 3-5 2007—2018 年中央、地方财政环保支出占中央、地方财政支出的比重

3.1.3 支出结构

（1）总体结构

根据支出使用去向，财政环保支出方向包括环境污染防治、生态保护、能源资源节约利用和其他。全国财政用于环境污染防治的支出规模最高，其次是生态保护，能源资源节约利用和其他支出分别排在第三位、第四位，且环境污染防治支出快速增长，生态保护支出稳步增长，能源资源节约利用支出先增后减。从支出规模来看（图 3-6），2008—2019 年，财政用于环境污染防治支出累计 2.01 万亿元，支出逐年增加，尤其是 2013 年以来，“三大行动计划”相继发布后，支出规模快速增长，从 2013 年的 1 442.0 亿元增长至 2019 年的 3 523.4 亿元，在 2015 年

（22.8%）、2017 年（24.3%）、2018 年（24.0%）支出规模高速增长；生态保护支出累计 1.07 万亿元，除 2019 年有所下降外（−6.3%），其余年份均呈增长趋势，从 2009 年的 441.7 亿元增长至 2019 年的 1 271.6 亿元，相对于环境污染防治支出的快速增长，生态保护支出增速较慢；能源资源节约利用支出累计 0.98 万亿元，以 2015 年为分界点，之前呈波动上升状态，从 200.4 亿元增长至 1 371.2 亿元，之后呈下降状态，降至 2019 年的 995.0 亿元。

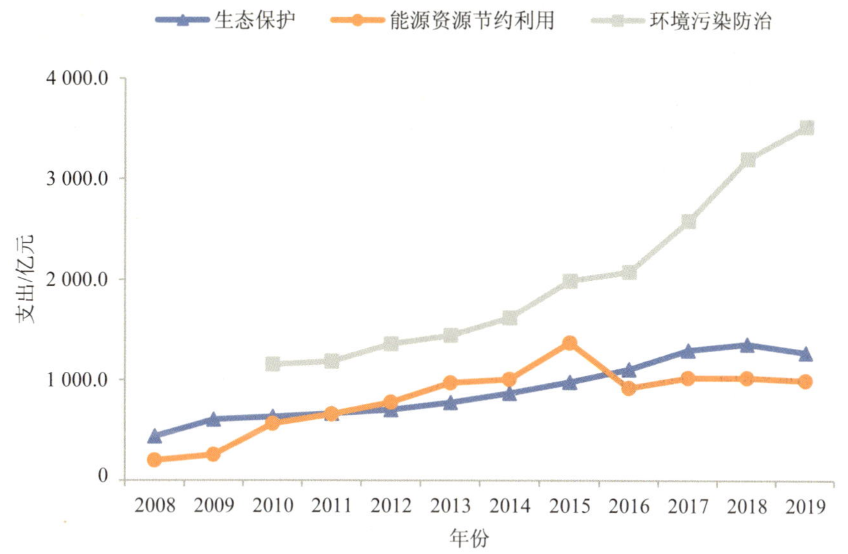

图 3-6　2008—2019 年财政环保支出各子项支出规模

注：2007 年未公布细分科目支出，2008 年、2009 年仅公布了部分科目支出。

从 2010—2019 年支出占比来看（图 3-7），环境污染防治支出占比变化大致呈"U"形特征，生态保护和能源资源节约利用支出占比呈不同程度的下降趋势。其中，环境污染防治支出在 2016 年以前呈波动下降趋势，从 47.0%降至 41.0%，2016 年以后占比逐渐增加，提高至 52.0%，且占比始终保持在40%以上；生态保护和能源资源节约利用支出分别从25.9%、23.1%波动降至 18.8%、14.7%，在环境污染防治支出占比提高的同时，生态保护、能源资源节约利用两项支出占比均有所下降。

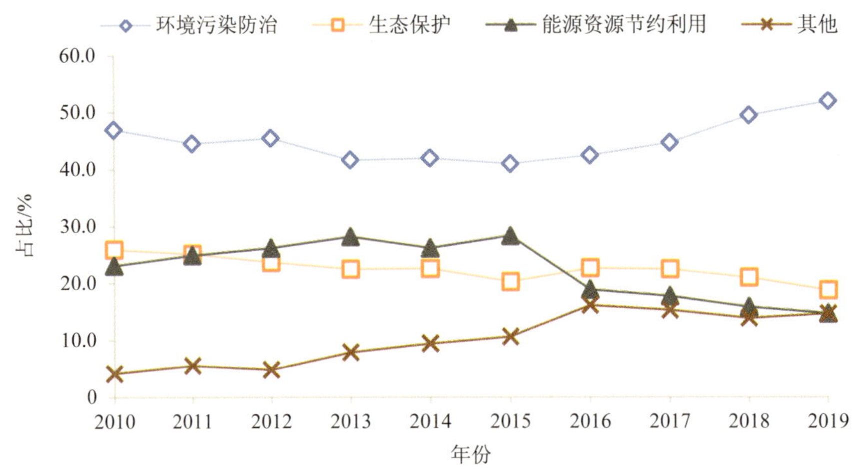

图 3-7　2010—2019 年全国财政环保支出各子项占比情况

注：由于 2007 年未公布细分科目支出，2008 年、2009 年仅公布了部分科目支出，占比分析未将 2007—2009 年纳入。

（2）环境污染防治支出结构

根据收支分类科目，环境污染防治支出包括环境保护管理事务、环境监测与监察、污染防治和污染减排等 4 款类科目支出。2010—2019年污染防治科目支出快速增长，从 720.2 亿元增长至 2 699.7 亿元，增长2.7 倍，占环境污染防治支出的比例也从 62.4%上升至 76.6%；环境保护管理事务支出也有较大增长，从 101.9 亿元增长至 391.4 亿元，占比从8.8%增长至 11.1%；污染减排、环境监测与监察两项支出也有不同程度的增长，但总体较为稳定，分别从 303.8 亿元、28.2 亿元增长至 334.2

亿元、98.0 亿元（表 3-2）。

表 3-2　2010—2019 年环境污染防治款类科目支出情况

年份	环境保护管理事务		环境监测与监察		污染防治		污染减排		合计
	支出/亿元	占比/%	支出/亿元	占比/%	支出/亿元	占比/%	支出/亿元	占比/%	支出/亿元
2010	101.9	8.8	28.2	2.4	720.2	62.4	303.8	26.3	1 154.1
2011	123.6	10.4	39.2	3.3	766.4	64.7	255.0	21.5	1 184.2
2012	144.1	10.6	37.1	2.7	820.7	60.4	356.5	26.2	1 358.4
2013	166.0	11.5	43.9	3.0	904.8	62.7	327.4	22.7	1 442.0
2014	185.1	11.4	49.4	3.0	1 084.5	67.0	299.2	18.5	1 618.1
2015	242.3	12.2	55.2	2.8	1 374.6	69.2	315.5	15.9	1 987.6
2016	251.0	12.1	63.3	3.0	1 447.6	69.7	315.3	15.2	2 077.2
2017	320.9	12.4	71.8	2.8	1 883.0	72.9	306.5	11.9	2 582.3
2018	355.8	11.1	94.8	3.0	2 441.3	76.3	309.5	9.7	3 201.3
2019	391.4	11.1	98.0	2.8	2 699.7	76.6	334.2	9.5	3 523.4

从项类科目支出变化来看（表 3-3），环境污染防治支出用于大气和水体治理的支出增长较快，分别从 27.4 亿元、364.9 亿元增长至 695.4 亿元、1 226.3 亿元，水体治理支出几乎占环境污染防治支出的一半。大气治理支出从 2013 年实施“大气十条”开始实现较快增长，当年增速达到 136.6%，除 2016 年增幅较小（3.3%）以外，“大气十条”实施五年间增幅均较大，2014 年达到增长高峰（143.8%）；水体治理支出也呈现同样特征，从 2015 年实施“水十条”开始实现较快增长，当年增速达到 13.3%，之后每年保持在 20%以上的增速。

表 3-3　2010—2019 年环境污染防治支出中项类科目支出情况

单位：亿元

类	款	项	科目名称	2010 年	2011 年	2012 年	2013 年	2014 年	2015 年	2016 年	2017 年	2018 年	2019 年
环境污染防治支出合计				1 154.1	1 184.2	1 358.4	1 442.0	1 618.1	2 048.0	2 077.2	2 582.3	3 201.3	3 523.4
	01		环境保护管理事务	101.9	123.6	144.1	166.0	185.1	242.3	251.0	320.9	355.8	391.4
		01	行政运行	61.2	71.8	82.6	94.0	101.8	124.2	146.6	171.2	187.1	
		02	一般行政管理事务	12.4	14.2	14.8	15.9	17.6	17.7	19.9	28.8	39.8	
		03	机关服务	1.2	1.5	1.8	2.5	3.0	4.0	3.1	3.8	3.7	
		04	环境保护宣传	2.2	2.8	2.9	3.3	3.7	3.9	4.8	5.5	6.4	
		05	环境保护法规、规划及标准	2.3	2.1	2.3	2.3	2.5	2.8	3.7	3.9	5.1	
		06	环境国际合作及履约	0.7	1.0	0.9	0.8	0.9	0.9	1.0	1.0	1.1	
		07	环境保护行政许可	0.6	0.5	0.4	0.4	0.4	0.4	0.4	2.8	1.8	
		99	其他环境保护管理事务支出	21.3	29.7	38.6	46.7	55.2	88.4	71.5	103.8	110.9	

类	款	项	科目名称	2010 年	2011 年	2012 年	2013 年	2014 年	2015 年	2016 年	2017 年	2018 年	2019 年
	02		环境监测与监察	28.2	39.2	37.1	43.9	49.4	55.2	63.3	71.8	94.8	98.0
		03	建设项目环评审查与监督	2.5	3.2	3.1	3.7	3.3	3.5	5.8	4.6	4.1	
		04	核与辐射安全监督	2.3	3.7	5.0	5.8	7.0	7.9	6.8	8.3	8.9	
		99	其他环境监测与监察支出	23.4	32.3	29.0	34.3	39.0	43.9	50.7	58.9	81.7	
	03		污染防治	720.2	766.4	820.7	904.8	1 084.5	1 374.6	1 447.6	1 883.0	2 441.3	2 699.7
		01	大气	27.4	26.4	29.2	69.1	168.5	298.1	308.0	579.6	695.4	
		02	水体	364.9	386.2	408.1	420.8	471.8	534.6	647.8	827.3	1 226.3	
		03	噪声	0.5	0.6	1.5	0.1	0.3	0.2	0.8	0.27	0.4	
		04	固体废物与化学品	87.1	94.6	80.7	75.7	65.4	66.9	61.0	64.0	84.2	
		05	放射源和放射性废物监管	0.3	0.7	0.6	0.7	0.5	0.9	0.9	0.9	1.2	
		06	辐射	0.1	0.1	0.2	0.1	0.1	0.1	0.1	0.4	0.3	
		07	排污费	179.7	189.7	196.7	197.7	178.2	180.3	165.4			

类	款	项	科目名称	2010 年	2011 年	2012 年	2013 年	2014 年	2015 年	2016 年	2017 年	2018 年	2019 年
			江河湖库流域治理与保护						60.4				
		99	其他污染防治支出	60.3	68.2	103.6	140.6	199.9	233.1	263.4	411.3	433.5	
	11		污染减排	303.8	255.0	356.5	327.4	299.2	315.5	315.3	306.5	309.5	334.2
		01	环境监测与信息	25.2	28.3	32.3	36.1	40.6	45.6	50.8	65.1	80.0	
		02	环境执法监察	9.7	10.4	15.6	15.4	16.4	14.1	15.6	18.9	22.5	
		03	减排专项支出	254.1	191.8	280.3	237.6	187.8	201.7	171.0	131.5	108.8	
		04	清洁生产专项支出	2.7	4.7	5.9	8.4	8.7	3.8	4.3	8.5	9.9	
		99	其他污染减排支出	12.1	19.9	22.4	29.9	45.6	50.2	73.7	82.5	88.4	

注：2007—2009 年未公开环境污染防治各款项支出情况；2019 年未公开支出科目细项；2017 年污染防治支出科目总计与细分项加和不等（数据来自 2017 年全国财政决算）。

（3）生态保护支出结构

根据收支分类科目，生态保护支出包括自然生态保护、天然林保护、退耕还林、风沙荒漠治理、退牧还草、已垦草原退耕还草六项以及林业自然保护区、动植物保护、湿地保护、海岛和海域保护、重点生态保护修复治理等项。从各款项支出规模来看（表 3-4），生态保护支出科目较多、支出差异较大，从几亿元至百亿元不等，其中，超过 100 亿元（含）规模的款类包括自然生态保护、天然林保护、退耕还林，2008—2019 年，以上 3 款年平均支出分别为 291.3 亿元、187.5 亿元、304.5 亿元；不足 10 亿元规模的类别包括已垦草原退耕还草、动植物保护 2 项，年平均支出分别为 1.8 亿元、8.1 亿元；而其余类别平均支出规模在 10 亿～100 亿元。

（4）能源资源节约利用支出结构

根据收支分类科目，能源资源节约利用支出包括能源节约利用、可再生能源、循环经济、能源管理事务四项支出，用于能源节约利用的支出规模最高，其次是能源管理事务，可再生能源和循环经济支出规模较低。2008—2019 年，能源节约利用支出规模快速增长，从 155.6 亿元增长至 648.7 亿元，增长 3.2 倍，占比基本保持在 60%以上；能源管理事务支出在 2010—2013 年支出规模较低（分别为 2.4 亿元、24.3 亿元、6.5 亿元、6.7 亿元），2014 年开始增加农村电网建设科目，支出规模有较大增幅，除 2016 年外，基本保持在 200 亿元以上，占比也达到 20%以上；可再生能源支出规模呈现先升后降特征，从 2008 年的 44.8 亿元增长至 2013 年的 197.1 亿元，之后逐渐下降，2019 年达到 52.9 亿元，占比从 20%以上降至 5%左右；循环经济支出规模变化较小，从 2010 年的 44.2 亿元小幅增长至 2019 年的 64.8 亿元，占比从 7.8%降至 6.5%（表 3-5、图 3-8）。

表 3-4　2008—2019 年生态保护项类科目支出情况

单位：亿元

类	款	项	科目名称	2008年	2009年	2010年	2011年	2012年	2013年	2014年	2015年	2016年	2017年	2018年	2019年
			生态保护支出合计	441.7	609.2	635.5	667.7	706.1	776.7	869.1	980.3	1 106.2	1 295.4	1 357.0	1 271.6
	04		自然生态保护	33.5	53.7	104.4	136.2	170.1	224.6	309.3	305.4	326.5	537.1	616.6	678.6
		01	生态保护			34.1	37.4	41.7	65.5	64.6	83.1	82.2	149.9	173.1	
		02	农村环境保护			52.9	77.6	106.9	112.7	159.0	183.3	187.1	309.5	352.8	
		03	自然保护区			7.2	6.0	5.7	8.7	8.7	8.2	5.9	17.2	22.6	
		04	生物及物种资源保护			0.1	0.3	0.2	0.8	0.5	0.8	2.0	2.3	1.1	
		99	其他自然生态保护支出			10.1	14.9	15.6	37.0	76.5	30.0	49.4	58.2	67.0	
	05		天然林保护	81.7	80.6	74.5	149.8	160.2	175.2	170.6	229.9	274.1	273.7	282.7	297.0
		01	森林管护			24.0	59.6	62.7	60.4	55.9	62.7	80.3	47.5	47.1	
		02	社会保险补助			20.4	41.4	45.1	70.7	49.4	63.7	57.0	54.5	64.4	
		03	政策性社会性支出补助			14.5	34.6	36.1	29.8	35.1	46.9	35.3	44.2	47.2	
		06	天然林保护工程建设			12.9	11.4	13.5	11.6	18.3	22.7	14.2	36.4	33.3	

类	款	项	科目名称	2008年	2009年	2010年	2011年	2012年	2013年	2014年	2015年	2016年	2017年	2018年	2019年
		99	其他天然林保护支出			2.6	2.8	2.9	2.7	11.9	34.0	87.3	91.1	48.2	
	06		退耕还林	306.8	438.3	371.3	308.8	290.9	284.5	290.3	334.8	276.0	252.0	240.1	259.7
		02	退耕现金			80.2	111.8	109.0	123.4	140.1	144.1	161.4	143.2	141.3	
		03	退耕还林粮食折现补贴			131.5	60.0	43.0	16.0	5.6	11.3	8.5	8.6	4.3	
		04	退耕还林粮食费用补贴			4.1	2.5	3.1	4.0	4.3	3.7	3.4	3.1	4.2	
		05	退耕还林工程建设			15.8	14.8	13.3	14.0	9.2	31.1	43.7	34.2	33.4	
		99	其他退耕还林支出			139.7	119.7	122.6	127.0	131.1	144.6	59.1	62.4	56.9	
	07		风沙荒漠治理			36.3	34.6	40.3	39.0	40.6	42.4	43.5	45.3	17.3	18.2
		04	京津风沙源治理工程建设			25.3	20.1	20.2	17.0	18.4	20.6	24.7	20.8		
		99	其他风沙荒漠治理支出			11.0	14.5	20.2	22.0	22.3	21.8	18.8	24.4		
	08		退牧还草	19.6	36.6	34.0	20.3	20.3	24.4	17.0	18.9	24.0	20.9	18.6	18.2
		04	退牧还草工程建设			19.7	19.3	19.4	24.0	16.8	18.1	22.5	19.0		
		99	其他退牧还草支出			14.3	1.0	0.9	0.4	0.3	0.8	1.4	1.9		

类	款	项	科目名称	2008年	2009年	2010年	2011年	2012年	2013年	2014年	2015年	2016年	2017年	2018年	2019年
	09		已垦草原退耕还草								0.2	4.3	4.0	3.9	
213			农林水利支出												
	02		林业												
		10	林业自然保护区			3.6	4.6	9.1	12.2	12.4	14.7	19.2	16.9	16.8	
		11	动植物保护			3.3	4.4	5.2	5.6	6.9	8.4	10.8	13.5	14.4	
		12	湿地保护			8.2	9.2	10.1	11.2	22.1	25.7	25.9	27.3	29.2	
220			国土海洋气象支出												
	01		自然资源事务												
		99	其他自然资源事务支出——重点生态保护修复治理									68.0	74.2	100.0	
	02		海洋管理事务												
		18	海岛和海域保护									34.0	30.7	17.4	

注：2008 年、2009 年、2019 年未公布支出科目细项，其余空缺值为当年未支出。

表 3-5 2008—2019 年能源资源节约利用项类科目支出情况

		2008 年	2009 年	2010 年	2011 年	2012 年	2013 年	2014 年	2015 年	2016 年	2017 年	2018 年	2019 年
能源资源节约利用支出合计	支出/亿元	200.4	256.0	566.4	661.0	780.9	973.6	1 007.7	1 371.2	921.8	1 022.2	1 022.1	995.0
能源节约利用	支出/亿元	155.6	197.0	401.9	439.4	538.7	682.0	580.7	833.5	622.7	668.3	645.6	648.7
	占比/%	77.6	77.0	71.0	66.5	69.0	70.0	57.6	60.8	67.6	65.4	63.2	65.2
可再生能源	支出/亿元	44.8	59.0	117.9	141.6	147.6	197.1	146.6	164.7	86.1	53.0	56.7	52.9
	占比/%	22.4	23.0	20.8	21.4	18.9	20.2	14.5	12.0	9.3	5.2	5.5	5.3
循环经济（资源利用）	支出/亿元	—	—	44.2	55.6	88.1	87.8	53.8	71.7	61.6	67.3	59.9	64.8
	占比/%	—	—	7.8	8.4	11.3	9.0	5.3	5.2	6.7	6.6	5.9	6.5
能源管理事务	支出/亿元	—	—	2.4	24.3	6.5	6.7	226.7	301.3	151.4	233.6	259.9	228.6
	占比/%	—	—	0.4	3.7	0.8	0.7	22.5	22.0	16.4	22.9	25.4	23.0

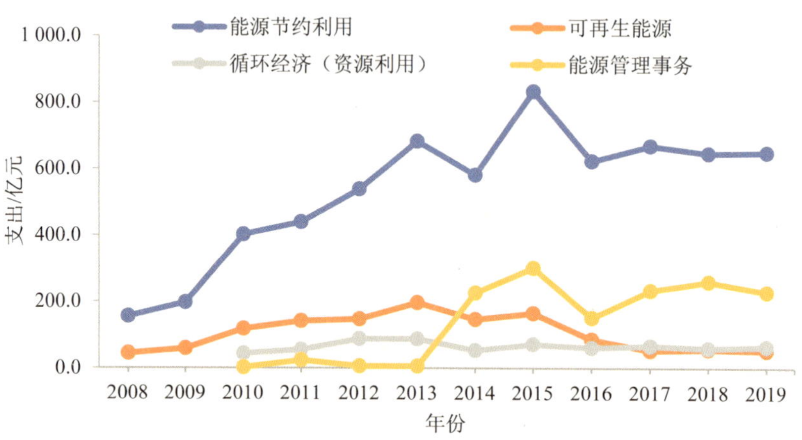

图 3-8　2008—2019 年能源资源节约利用各子项支出规模变化

3.2 政府性基金环保支出

政府性基金属于政府非税收入，全额纳入财政预算，实行“收支两条线”管理。政府性基金预算根据基金项目收入情况和实际支出需要，按基金项目编制，做到以收定支。财政环保支出从政府性基金预算列支的科目主要有四个，分别为污水处理费、可再生能源电价附加收入、船舶油污损害赔偿基金以及废弃电器电子产品处理基金。

污水处理费专款用于污水管网、污水处理设施的建设和运行、污泥处理处置等；可再生能源电价附加收入专款用于支持可再生能源发电和开发利用活动；船舶油污损害赔偿基金专款用于船舶油污损害及相关费用的赔偿或补偿；废弃电器电子产品处理基金专款用于废弃电器电子产品回收处理费用补贴、废弃电器电子产品回收处理费用和电器电子产品生产销售信息管理系统建设费用以及相关信息采集发布支出。2012 年，可再生能源电价附加收入、船舶油污损害赔偿基金以及废弃电器电子产品处理基金均已纳入政府性基金预算科目管理，污水处理费则在 2015 年纳入科目管理。

从图 3-9 可以看出，与环保相关的政府性基金预算收入和支出总规模均呈不断增长趋势，2018 年收入 1 355.7 亿元，支出 1 336.1 亿元，分别较 2017 年增长 12.2%、16.1%。从支出结构来看，可再生能源电价附加收入对应支出规模最高，2018 年支出 838.8 亿元，占比 62.8%；其次为污水处理费，支出 474.4 亿元，占比 35.5%；其余两种基金支出规模占比均不到 2%。

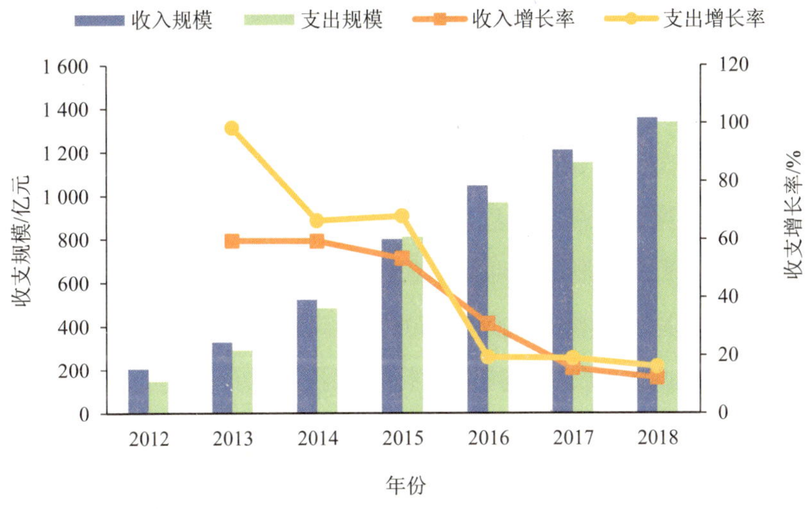

图 3-9　2012—2018 年与环保相关的政府性基金收支情况

3.3　政府债券环保支出

政府债券包括国债和地方债。1998—2002 年中央财政共发行长期建设国债 6 600 亿元，其中 426 亿元支持水污染防治项目，64 亿元支持城市垃圾处理项目，155 亿元用于大气污染治理项目等。为了加大城市生活污水治理力度，1999 年在国债投资中专门设立“三河三湖”水污染治理国债专项，主要用于城市污水处理厂及污水主干管道建设，辅以部分河湖清淤等综合整治项目。国债投入带动地方、企业及金融机构等资金投入，为环境质量改善和解决重点环境污染治理问题提供一定的资金支持。

地方债包括一般债券和专项债券，环保领域一般发行专项债募集资金，且按照偿还途径要求，仅针对具有收益的生态环保项目发行，如具有收益来源的污水、垃圾处理项目等。为有效应对新冠肺炎疫情影响，财政部提前下达 2020 年新增地方政府债券 18 480 亿元指标，包括一般债券 5 580 亿元，专项债 12 900 亿元。截至 2020 年 3 月 20 日，全国各地发行新增地方政府债券 14 079 亿元，占提前下达额度的 76%。其中发行一般债券 3 846 亿元，占提前下达额度的 69%；发行专项债券 10 233 亿元，占提前下达额度的 79%。发行的专项债中用于环保领域的（部分债券并非全部用于生态环保项目）规模约为 1 189 亿元，是 2019 年的 2.24 倍；平均债务年限 13 年，较 2019 年增长 32%；融资成本也相对较低（2020 年发行专项债平均利率 3.6%）。2020 年是“十三五”收官之年，为保障污染防治攻坚战任务目标的实现，部分省份加大环保领域专项债发行力度，截至 2020 年 3 月 20 日，广东、新疆、天津、山东、河南 5 省份发行的环保专项债数量和规模排在全国前五位（表 3-6）。

表 3-6　2020 年部分省份环保专项债发行数量和用途统计

省份	数量/只	用途
广东	16	水污染治理、生态环保项目，其中深圳市发行了 9 只
新疆	7	乌鲁木齐市、阿勒泰地区、巴音郭楞蒙古自治州、博尔塔拉蒙古自治州、昌吉回族自治州、哈密市、和田地区、克孜勒苏柯尔克孜自治州、喀什地区、克拉玛依市、塔城地区、吐鲁番市、伊犁哈萨克自治州等多个地区的污水处理和生活垃圾处理项目

省份	数量/只	用途
天津	6	污水处理厂扩建项目、河道治理项目、生活垃圾处理项目
山东	6	污水厂扩容项目、各乡镇污水厂建设项目
河南	4	雨污分流处理项目、污水处理厂建设项目

从资金投向来看，全国已发行的环保专项债募集资金重点投向水污染防治（含城镇污水处理和流域水环境治理项目）、垃圾处理、环境综合治理和生态修复等领域，其中，水污染防治领域项目超过60%，垃圾处理领域相对较低，不足4%（图3-10）。2019年9月，财政部明确城镇污水、垃圾处理纳入专项债可用于资本金的项目范围，水污染防治领域专项债新发规模增长显著，2020年前两个月合计发行691.3亿元，其中城镇污水处理项目435亿元，是2019年该领域发行总规模的2倍左右（图3-11）。

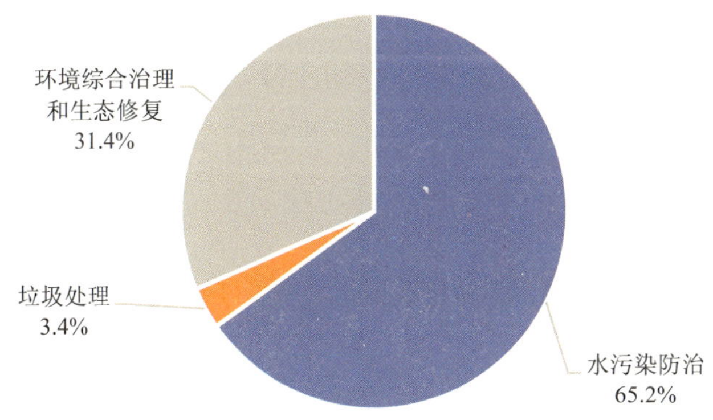

图3-10　2019年1月至2020年2月不同领域环保专项债发行规模占比情况

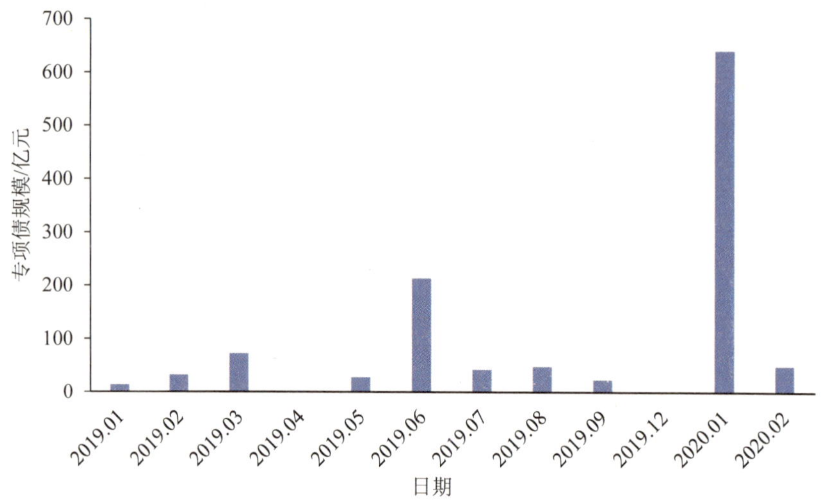

图 3-11 2019 年 1 月至 2020 年 2 月水污染防治领域专项债发行规模

为多渠道筹措环境保护资金，建议研究制定地方政府环境保护专项债券管理办法。环境保护专项债券是指根据相关法律法规，为采取向用户收费和捆绑经营性收益等方式偿还债务而实施的政府事权类环境保护项目。环境保护专项债券资金应当用于环境保护项目建设，优先用于经营性收益较强的大气污染防治、水污染防治以及土壤污染防治项目建设，不得用于公益性的环境保护项目建设。

3.4 中央财政环保专项资金

中央财政环保专项资金是中央以专项转移支付方式支持环境保护事业的财政资金，针对环保重点领域共设 7 个专项资金，主要包括大气污染防治资金、水污染防治资金、土壤污染防治专项资金、农村环境整治资金、重点生态保护修复治理资金、城市管网及污水处理补助资金、海岛及海域保护资金。2019 年，以上专项预算资金总额 887 亿元，较

2018 年决算数增长 16.9%。

3.4.1 大气污染防治资金

（1）设立背景

2013 年 9 月，国务院印发的《大气污染防治行动计划》提出，全国空气质量总体改善，重污染天气较大幅度减少，京津冀、长三角、珠三角等区域空气质量明显好转的治理目标。为支撑行动计划目标和重点任务落地实施，中央财政整合主要污染物减排等专项设立大气污染防治专项资金。

自大气污染防治资金设立以来，国家陆续发布了一系列管理文件优化资金使用分配，主要包括：

——《中央大气污染防治专项资金管理办法》（财建〔2013〕897 号）；

——《大气污染防治专项资金管理办法》（财建〔2016〕600 号）；

——《大气污染防治专项资金管理办法补充通知》（财建〔2016〕874 号）；

——《大气污染防治资金管理办法》（财建〔2018〕578 号）。

（2）支持范围

根据《大气污染防治资金管理办法》（财建〔2018〕578 号），大气污染防治资金支持范围为京津冀及周边地区、汾渭平原、长三角等重点区域。支持方向包括以下方面：

——北方地区冬季清洁取暖试点。支持北方地区重点区域按照“宜电则电、宜气则气、宜煤则煤、宜热则热”的原则，推进散煤治理和清洁替代，并同步开展建筑节能改造。专项资金以城市为单位进行定额奖补；

——打赢蓝天保卫战其他重点任务。根据相关要求，用于支持燃煤锅炉及工业炉窑综合整治、挥发性有机物（VOCs）治理、柴油货车污染治理等对大气环境质量改善有突出影响的事项；

——氢氟碳化物销毁处置。支持生态环境部组织相关企业按要求销毁、处置氢氟碳化物；

——关于大气污染防治的其他重要事项。

（3）实施情况与效益

2013—2019年，中央财政累计安排大气污染防治资金984.8亿元（图3-12），支持京津冀及周边地区、长三角地区、汾渭平原地区围绕打赢蓝天保卫战开展工业污染深度治理、移动源污染防治等重点任务，扩大北方地区冬季清洁取暖试点城市范围，减少大气污染排放，改善环境空气质量。2018年，全国338个地级及以上城市空气质量优良天数比例为79.3%，同比上升1.3个百分点；$PM_{2.5}$浓度同比下降9.3%，“十三五”时期累计下降22%，京津冀及周边地区、长三角地区、汾渭平原地区$PM_{2.5}$浓度同比分别下降11.8%、10.2%、10.8%；二氧化硫浓度同比下降22.2%，二氧化氮浓度同比下降6.5%，一氧化碳浓度同比下降11.8%；

图3-12 2013—2019年大气污染防治资金支出情况

数据来源：财政部2013—2018年中央财政决算、2019年中央财政预算。

发生重度污染 1 899 天次，同比减少 412 天次，重污染天气过程的峰值浓度、污染强度、持续时间和影响范围均明显降低。

3.4.2 水污染防治资金

（1）设立背景

2015 年 4 月，国务院印发的《水污染防治行动计划》提出，到 2020 年，全国水环境质量得到阶段性改善，污染严重水体较大幅度减少，饮用水安全保障水平持续提升，地下水超采得到严格控制等水环境保护目标。为支撑行动计划重点工程任务落地实施，中央财政整合了三河三湖及松花江流域专项、湖泊生态环境保护专项、江河湖泊治理与保护专项设立水污染防治专项资金。

自水污染防治资金设立以来，国家陆续发布了一系列管理文件优化资金使用分配，主要包括：

——《水污染防治资金管理办法》（财建〔2015〕226 号）；

——《水污染防治专项资金管理办法》（财建〔2016〕864 号）；

——《水污染防治专项资金绩效评价办法》（财建〔2017〕32 号）；

——《水污染防治资金管理办法》（财资环〔2019〕10 号）。

（2）支持范围

根据《水污染防治资金管理办法》（财资环〔2019〕10 号），资金重点支持范围包括：

——重点流域水污染防治；

——集中式饮用水水源地保护；

——良好水体保护；

——地下水污染防治；

——其他需要支持的事项。

（3）实施情况与效益

2015—2019 年，中央财政累计安排水污染防治资金 713.5 亿元（图 3-13），支持全国开展重点流域水污染防治、良好水体保护、集中式饮用水水源地保护、地下水污染防治工作，资金向南水北调工程水源区、长江流域、黄河流域等重点地区、流域倾斜。2018 年，全国地表水优良水质断面（Ⅰ～Ⅲ类）比例为 71%，同比上升 3.1 个百分点；劣Ⅴ类水质断面比例为 6.7%，同比下降 1.6 个百分点。

图 3-13　2015—2019 年水污染防治资金支出情况

数据来源：财政部 2015—2018 年中央财政决算、2019 年中央财政预算。

3.4.3　土壤污染防治专项资金

（1）设立背景

2016 年 5 月，国务院印发的《土壤污染防治行动计划》提出，到 2020 年，全国土壤污染加重趋势得到初步遏制，土壤环境质量总体保持稳定，农用地和建设用地土壤环境安全得到基本保障，土壤环境风险得到基本管控的防治目标。为支撑土壤污染防治行动计划目标任务，中央财政将原来重金属污染防治专项资金调整为土壤污染防治专项资金。

自土壤污染防治专项资金设立以来，国家陆续发布三次管理文件，优化资金使用分配，主要包括：

——《土壤污染防治专项资金管理办法》（财建〔2016〕601 号）；

——《土壤污染防治专项资金管理办法》（财资环〔2019〕11 号）。

——《土壤污染防治专项资金管理办法》（财资环〔2020〕10 号）。

（2）支持范围

根据《土壤污染防治专项资金管理办法》（财资环〔2020〕10 号），资金重点支持范围包括：

——土壤污染状况监测、评估、调查；

——土壤污染源头防控；

——土壤污染风险管控；

——土壤污染修复治理；

——土壤环境监管能力提升；

——土壤污染防治先进技术推广；

——土壤污染防治管理改革创新；

——应对突发事件所需的土壤污染防治支出，以及其他与土壤环境质量改善密切相关的支出。

（3）实施情况与效益

2016—2019 年，中央财政累计安排土壤污染防治专项资金 241.3 亿元（图 3-14），支持开展土壤污染状况详查、土壤污染风险管控与修复治理、土壤污染先行示范区建设、污染土壤修复治理技术应用试点等工作。在资金支持下，部分区域土壤污染加重的趋势得到遏制，农用地土壤污染详查工作已完成，进一步掌握了我国农用地污染现状。

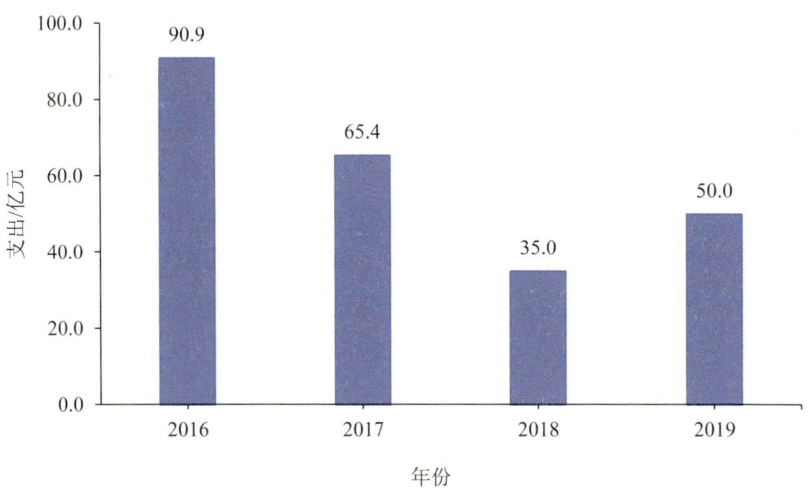

图 3-14　2016—2019 年土壤污染防治专项资金支出情况

数据来源：财政部 2016—2018 年中央财政决算、2019 年中央财政预算。

3.4.4 农村环境整治资金

（1）设立背景

根据 2008 年 7 月国务院召开的全国农村环境保护工作电视电话会议有关精神，中央财政从 2008 年起设立了农村环境保护专项资金，着力解决群众反映强烈、危害群众健康、影响可持续发展的突出环境问题。2009 年 2 月，国务院办公厅转发了《关于实行“以奖促治”加快解决突出的农村环境问题实施方案》，全面实行“以奖促治、以奖代补”政策，强化奖补资金监管，建立健全农村环境综合整治目标责任制。

（2）支持范围

根据 2019 年 6 月 13 日财政部印发的《农村环境整治资金管理办法》（财资环〔2019〕12 号），资金重点支持范围包括：

——农村生活污水和垃圾处理；

——规模化以下畜禽养殖污染治理；

——农村饮用水水源地环境保护、水源涵养及生态带建设；

——其他需要支持的事项。

（3）实施情况及效益

2008—2019 年，中央财政累计安排农村环境整治资金 555 亿元（图 3-15），支持补齐农村环境保护短板，开展饮用水水源地环境保护、村庄分散畜禽养殖污染防治、农村生活污水和垃圾治理等工作，支持约 17.9 万个村庄完成农村环境综合整治，建成一批垃圾处理处置、生活污水处理等环保设施，2 亿多农村人口受益，有效解决了垃圾随意倾倒、污水直排河道等农村突出环境问题，持续推进改善农村人居环境。

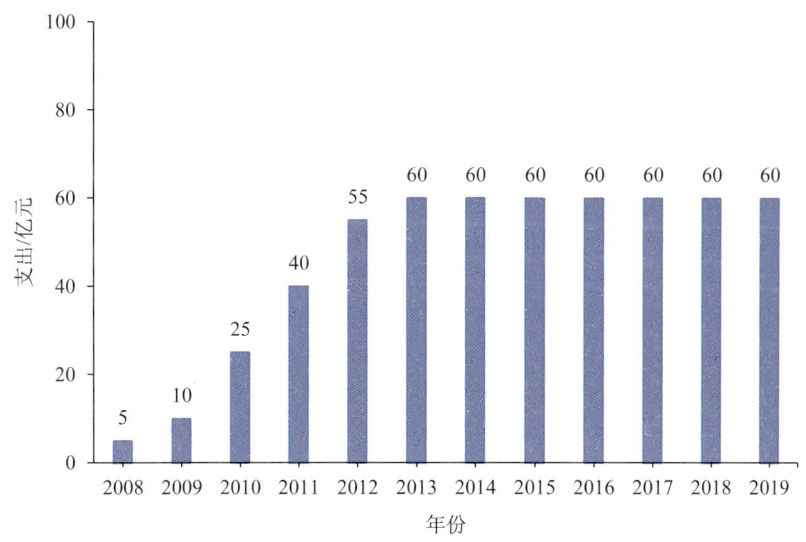

图 3-15　2008—2019 年农村环境整治资金支出情况

数据来源：财政部 2008—2018 年中央财政决算、2019 年中央财政预算。

3.4.5 重点生态保护修复治理资金

（1）设立背景

2015 年 9 月，中共中央、国务院印发的《生态文明体制改革总体方案》要求整合财政资金推进山水林田湖生态修复工程，为抓好贯彻落实，中央财政于 2016 年设立重点生态保护修复治理资金，主要用于实施山水林田湖生态保护修复工程，促进实施生态保护和修复。

（2）支持重点

根据 2019 年 4 月财政部发布的《重点生态保护修复治理资金管理办法》（财建〔2019〕29 号），治理资金支持范围主要包括以下方面：

——开展山水林田湖草生态保护修复工程，着眼于国家重点生态功能区、国家重大战略重点支撑区、生态问题突出区，坚持以保护优先、自然恢复为主，进行系统性、整体性修复，完善生态安全屏障体系，提升生态服务功能。

——开展历史遗留废弃工矿土地整治。开展历史遗留和责任人灭失的废弃工业土地和矿山废弃地整治，实施区域性土地整治示范，盘活存量建设用地，提升土地节约集约利用水平，修复人居环境。

（3）资金分配

重点生态保护修复治理资金采取项目法和因素法相结合的方式分配：

——用于山水林田湖草生态保护修复试点工程的奖补资金采取项目法分配，包括基础奖补和绩效奖补两部分。工程纳入支持范围即享受基础奖补，工程总投资 20 亿元以下的基础奖补 5 亿元；工程总投资 20 亿～50 亿元的基础奖补 10 亿元；工程总投资 50 亿元以上的基础奖补 20 亿元。绩效奖补资金根据工程结束后最终绩效评估结果确定。

——用于废弃工矿土地整治的奖补资金采取项目法或者因素法方

式分配。采取项目法分配的资金，各项目安排金额根据工程投资额、工程经济效益等分档确定。采取因素法分配的资金，根据考虑财力差异后的各省废弃工矿土地整治任务面积因素确定。采用因素法分配的资金，根据以下公式进行分配：

某省因素法分配的废弃工矿土地整治的奖补资金=因素法分配的废弃工矿土地整治奖补资金总额×某省废弃工矿土地整治面积×财力补助系数÷$\sum$（各省废弃工矿土地整治面积×财力补助系数）

（4）资金实施及效益

2016—2019 年，中央财政累计安排重点生态保护修复治理资金 362.2 亿元（图 3-16），支持山水林田湖草生态保护修复工程试点，统筹考虑自然生态各要素进行整体保护、系统修复、综合治理，先后将祁连山、黄土高原、京津冀水源涵养区、吉林长白山等 25 个重点生态屏障地区纳入支持试点范围，基本实现重要生态系统全覆盖。

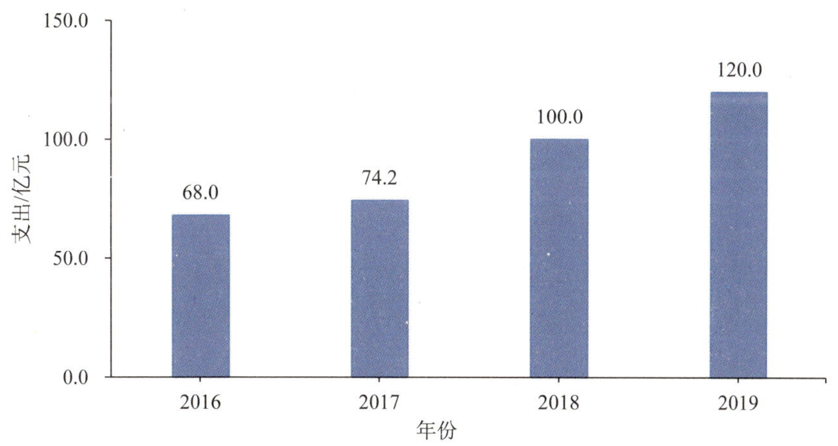

图 3-16　2016—2019 年重点生态保护修复治理资金支出情况

数据来源：财政部 2016—2018 年中央财政决算、2019 年中央财政预算。

3.4.6 城市管网及污水处理补助资金

（1）设立背景

城市管网及污水处理补助资金由“城镇污水处理设施配套管网建设以奖代补专项资金”整合而来，在此基础上新增了海绵城市建设试点、地下综合管廊试点及城市黑臭水体治理示范三项内容。2007 年为支持城镇污水处理设施建设，提高城镇污水处理能力，中央财政设立城镇污水处理设施配套管网建设以奖代补专项资金，采取以奖代补方式全部用于污水处理设施配套管网建设。

自城市管网及污水处理补助资金设立以来，国家陆续发布了一系列管理文件优化资金使用分配，资金名称也发生相应调整，发布的管理文件主要包括：

——《城镇污水处理设施配套管网以奖代补资金管理暂行办法》(财建〔2007〕730 号）；

——《城镇污水处理设施配套管网建设以奖代补专项资金管理办法》(财建〔2009〕501 号）；

——《“十二五”期间城镇污水处理设施配套管网建设项目资金管理办法》（财建〔2011〕266 号）；

——《城市管网专项资金管理暂行办法》（财建〔2015〕201 号）；

——《城市管网专项资金管理办法》（财建〔2016〕863 号）；

——《城市管网专项资金绩效评价暂行办法》(财建〔2016〕52 号》；

——《城市管网及污水处理补助资金管理办法》(财建〔2019〕288 号）。

（2）支持范围

根据《城市管网及污水处理补助资金管理办法》（财建〔2019〕288 号），补助资金用于支持以下事项：

——海绵城市建设试点；

——地下综合管廊建设试点；

——城市黑臭水体治理示范；

——中西部地区城镇污水处理提质增效。

（3）资金分配

补助资金根据不同支持事项采取不同方式进行分配。

——海绵城市建设试点、地下综合管廊建设试点，按照既定补贴标准对试点城市给予定额补助（海绵城市试点：直辖市 6 亿元/年、省会城市 5 亿元/年、其他城市 4 亿元/年；地下综合管廊试点：直辖市 5 亿元/年、省会城市 4 亿元/年、其他城市 3 亿元/年）。试点期满后，根据绩效评价结果，对每批次综合评价排名靠前及应用 PPP 模式效果突出的，按照定额补助总额的 10%给予奖励。

——黑臭水体治理示范通过竞争性评审等方式确定示范城市。中央财政对入围城市给予定额补助，根据入围批次，补助标准分别为 6 亿元、4 亿元、3 亿元。

——中西部城镇污水处理提质增效根据中西部省份 3 年建设任务投资额，按因素法分配资金，并按照相同投资额中西部 0.7∶1 的比例，对西部地区给予倾斜。即某省份年度获取资金额度=年度资金总额×某省 3 年建设任务总投资额×中西部调节系数÷∑（中西部省份 3 年建设任务总投资额×中西部调节系数）。

（4）实施情况及效益

2008—2019 年，中央财政累计安排城市管网及污水处理补助资金 1 554.4 亿元（图 3-17），采取“集中支持”与“整体推进”相结合的方式，支持污水处理设施配套管网建设。全国地级及以上城市建成区黑臭水体消除比例达 84.9%；黑臭水体治理对水环境质量改善效果明显，黑臭水体涉及的101个国控断面中，Ⅰ～Ⅲ类水体比例同比提高3个百分点，劣Ⅴ类水体比例同比降低4.9个百分点。

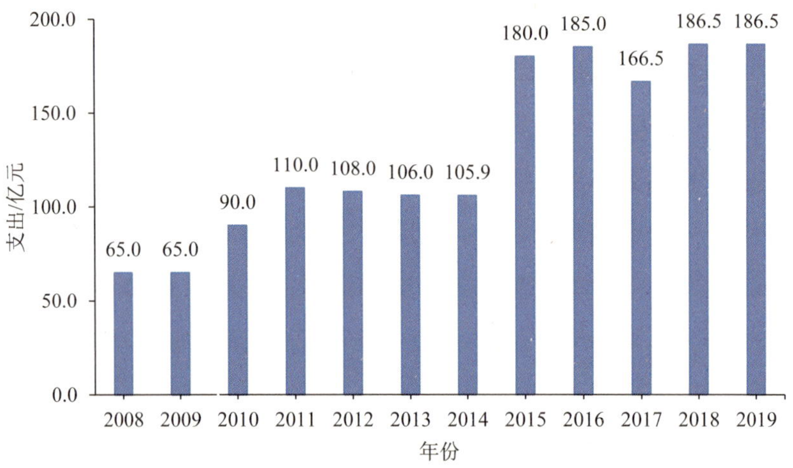

图 3-17　2008—2019 年城市管网及污水处理补助资金支出情况

数据来源：财政部2008—2018年中央财政决算、2019年中央财政预算，2012年数据根据2011年、2013年数据平滑而来。

3.4.7　海岛及海域保护资金

（1）设立背景

为保护海岛及其周边海域生态系统，合理开发利用海岛资源，维护国家海洋权益，2012年4月国家海洋局制定发布《全国海岛保护规划》，明确了海岛分类、分区保护的具体要求，确定了海岛资源和生态调查评估、偏远海岛开发利用等10项重点工程。为支撑以上目标任务，中央财政于2012年设立了中央海岛保护专项资金，加大海岛生态环境保护力度。

自海岛及海域保护资金设立以来，国家陆续发布了一系列管理文件优化资金使用分配，主要包括：

——《中央海岛保护专项资金管理办法》（财建〔2012〕580号）；

——《中央海岛和海域保护资金使用管理办法》（财建〔2015〕250号）；

——《财政部　国家海洋局关于〈中央海岛和海域保护资金使用管理办法〉的补充通知》（财建〔2016〕854）；

——《海岛及海域保护资金管理办法》（财建〔2018〕861号）。

（2）支持重点

根据2018年12月24日财政部印发的《海岛及海域保护资金管理办法》（财建〔2018〕861号），海岛及海域保护资金支持范围包括：

——海洋环境保护。对自然岸线、国家级海洋自然保护区、国家级海洋特别保护区、国家海洋公园等生态系统较为脆弱或生态环境质量优良的自然资源实施保护。

——入海污染物治理。支持因提高入海污染物排放标准的直排海污染源治理以及海岛海域污水、垃圾等污染物治理。

——修复整治。对滨海湿地、海岸带、海域、海岛等进行修复整治，提升海岛海域岸线的生态功能。

——能力建设。支持海域、海岛监视监管系统，海洋生态环境观测监测建设，海洋防灾减灾，海洋调查等。

——需要安排的其他支出。

（3）资金分配

海岛及海域保护资金分配可以采取因素法和项目法。具体分配方法为：

——支持实施“蓝色海湾”综合整治行动的保护资金采取项目法分配。通过竞争性评审方式公开择优确定具体项目。资金分配额按照地级市不超过3亿元、计划单列市和省会城市不超过4亿元的原则实施。

——支持渤海综合治理等保护资金采取因素法分配，考虑因素包括纳入支持范围的沿海地区滨海湿地整治修复面积、岸线岸滩整治修复面积、入海污染物治理量，分配权重暂为 3∶3∶4 的比例。

（4）实施情况及效益

2012—2019 年，中央财政累计安排海岛及海域保护资金 145.5 亿元（图 3-18）支持海域、海岛自然资源和生态环境保护，促进了沿海岸线和海岛、海域生态功能的恢复。

图 3-18　2012—2019 年海岛及海域保护资金支出情况

数据来源：财政部 2012—2018 年为中央财政决算、2019 年为中央财政预算。

3.5 小结

一般公共预算是财政环保支出的重要渠道之一。2007—2019 年全国财政一般公共预算累计投入生态环境保护支出约 4.86 万亿元，支出规模呈逐年增长趋势。中央支出占比从 78.5%降至 35.4%，地方支出占比从 21.5%提升至 64.6%。全国财政一般公共预算用于环境污染防治的支出规模最高，其次是生态保护，再次是能源资源节约利用，环境污染防治支出快速增长，生态保护支出稳步增长，能源资源节约利用支出先增后减。环境污染防治支出用于大气和水体的治理支出增长较快，分别从2010 年的 27.4 亿元、364.9 亿元增长至 2018 年的 695.4 亿元、1 226.3 亿元，水体治理支出几乎占环境污染防治支出的一半。

政府性基金是财政环保支出的重要渠道之二。与环保相关的政府性基金收入和支出总规模均呈不断增长趋势，2012 年可再生能源电价附加收入、船舶油污损害赔偿基金以及废弃电器电子产品处理基金均已纳入政府性基金预算科目管理，污水处理费则在 2015 年纳入科目管理。2018 年环保政府性基金收入 1 355.7 亿元，支出 1 336.1 亿元。从支出结构来看，2018 年可再生能源电价附加支出最多，为 838.8 亿元，占比 62.8%。其次为污水处理费，支出 474.4 亿元，占比 35.5%。其余两种基金支出规模占比均不到 2%。

政府债券（特别是地方债）是财政环保支出的重要渠道之三。地方债包括一般债券和专项债券，环保领域一般发行专项债筹集资金，针对具有收益的生态环保项目发行，如具有收益来源的污水垃圾处理项目等。2020 年前两个月合计发行环保专项债券 691.3 亿元，其中城镇污水处理项目 435 亿元，约为 2019 年该领域发行总规模的 2 倍。

中央财政环保专项资金是引导地方财政环保投资的重要抓手。中央财政环保专项资金主要包括大气污染防治资金、水污染防治资金、土壤污染防治专项资金、农村环境整治资金、重点生态保护修复治理资金、城市管网及污水处理补助资金、海岛及海域保护资金。2019 年以上专项预算资金总额 887 亿元，较 2018 年决算数增长 16.9%。

4 环保投融资模式创新

在环保投融资模式创新方面，本书选择生态环境 PPP 模式、环境污染第三方治理模式、生态导向的发展（EOD）模式。生态环境 PPP 模式把传统由政府承担的环境公共服务供给事务交由社会资本承担，实现供给模式和投融资模式的创新，提高供给规模、质量与效率。环境污染第三方治理模式把传统由排污企业承担的污染治理事务交由第三方治理企业（环保企业）承担，以实现吸引社会资本投入环保领域，提升污染治理效果和效率。生态导向的发展模式是拓宽环保投融资渠道、实现绿水青山向金山银山转化的重要方向。上述三种模式是环保投融资领域代表性较强的模式创新。

4.1 生态环境 PPP 模式

基于全国 PPP 综合信息平台项目管理库信息，生态环境部环境规划院将生态环境 PPP 项目界定为七类二级行业：污水处理、垃圾发电、垃圾处理、生物质能、湿地保护、综合治理及其他。截至 2018 年年底，全国生态环境 PPP 项目入库数量达 2 914 个，总投资规模达 1.84 万亿元，占入库项目总数和总投资的 33.67%和 13.94%。

水污染防治是生态环境 PPP 项目的重要组成部分。《关于推进水污染防治领域政府和社会资本合作的实施意见》（财建〔2015〕90 号），旨在以水污染防治为突破口，推进生态环境 PPP 模式顺利实施。本书以污水处理和流域综合整治 PPP 项目为例，重点分析其模式特征。

截至 2019 年年底，从全国 PPP 综合信息平台项目管理库中筛选识别污水处理和流域综合整治 PPP 项目 1 200 个，根据项目建设内容将其划定为 14 种模式：厂网一体、纯污水处理、纯污水管网、河湖岸一体、网河湖岸一体、厂网河湖一体、厂网河湖岸一体、纯河湖治理、网河湖一体、厂河湖岸一体、厂网岸一体、网岸一体、厂岸一体、厂河湖一体。此处，“厂”是指污水处理厂；“网”是指污水收集管网；“河湖”是指清淤疏浚、生态修复、岸坡整治等直接作用于河湖上的措施；“岸”是指岸上的道路、停车场、路灯、垃圾收集处置等市政设施建设。

（1）三类模式合计占比超 70%

按照前述模式划分方式，在 1 200 个污水处理和流域综合整治 PPP 项目中，厂网一体、纯污水处理、纯污水管网项目个数排在前 3 位，分别为 435 个、323 个、157 个，占项目总数的比例分别为 36.3%、26.9%、13.1%，三者合计占比达 76.3%（图 4-1、图 4-2）。

（2）管网相关模式占比超 60%

《中共中央　国务院关于全面加强生态环境保护坚决打好污染防治攻坚战的意见》提出加快补齐城镇污水收集和处理设施短板，尽快实现污水管网全覆盖、全收集、全处理。生活污水是当前我国河流断面超标及黑臭水体形成的主要贡献者，而污水管网不足、收集率不高成为突出短板。据统计，1 200 个污水处理和流域综合整治 PPP 项目中，管网相关模式包括八类：厂网一体、纯污水管网、网河湖岸一体、厂网河湖一体、厂网河湖岸一体、网河湖一体、厂网岸一体、网岸一体，此八类模式占比达 63.8%（图 4-3）。

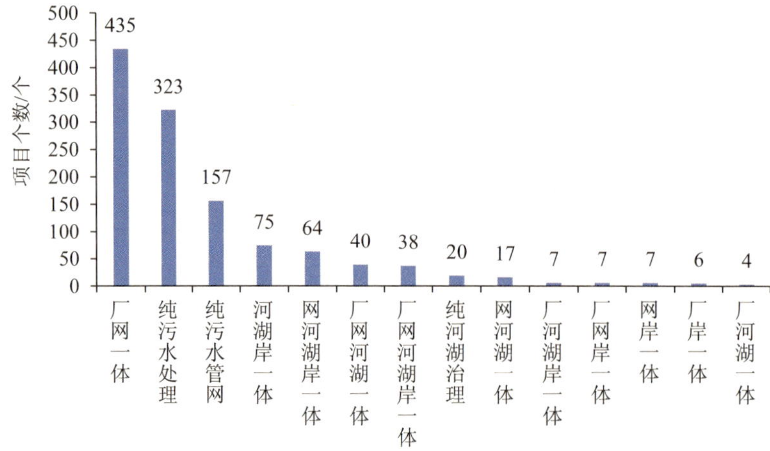

图 4-1 污水处理和流域综合整治 PPP 项目不同模式数量分布情况

数据来源：https：//www.cpppc.org/。

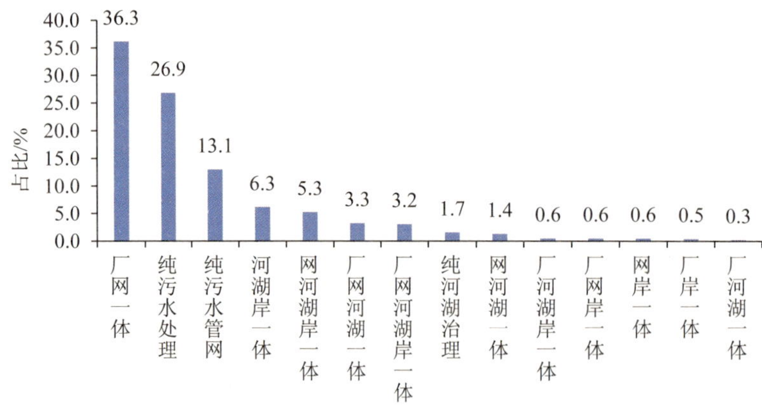

图 4-2 污水处理和流域水环境治理 PPP 项目不同模式占比情况

数据来源：https：//www.cpppc.org/。

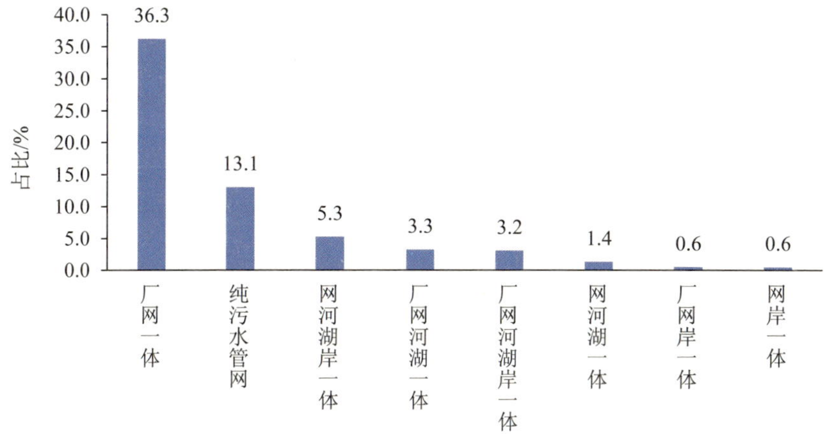

图 4-3　污水处理和流域水环境治理 PPP 项目管网相关模式占比情况

数据来源：https: //www.cpppc.org/。

（3）“岸”上相关模式占比近 20%

“岸”上相关模式包括河湖岸一体、网河湖岸一体、厂网河湖岸一体、厂河湖岸一体、厂网岸一体、网岸一体、厂岸一体。据统计，“岸”上相关模式占比总计达 17.1%（图 4-4）。

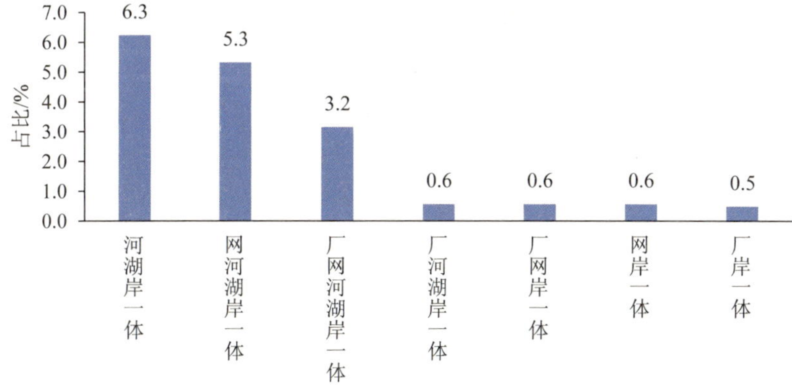

图 4-4　污水处理和流域水环境治理 PPP 项目“岸”上相关项目占比情况

数据来源：https: //www.cpppc.org/。

（4）“河湖”相关模式占比超 20%

“河湖”相关模式包括河湖岸一体、网河湖岸一体、厂网河湖一体、厂网河湖岸一体、纯河湖治理、网河湖一体、厂河湖岸一体、厂河湖一体。据统计，“河湖”相关模式占比总计达 22.1%（图 4-5）。

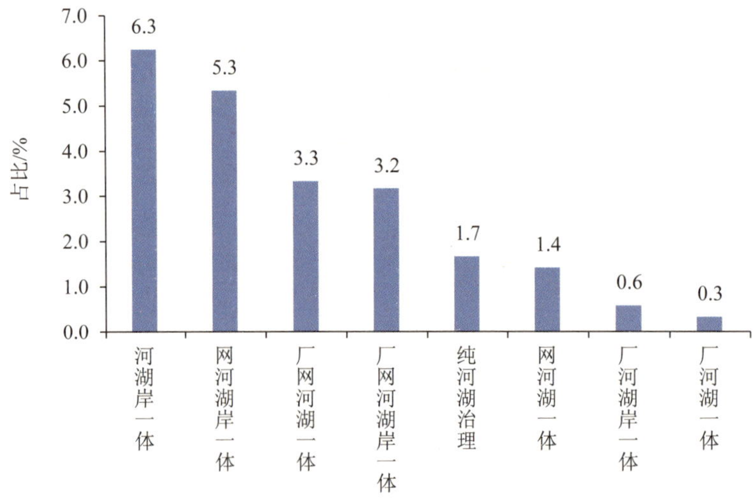

图 4-5 流域水环境治理 PPP 项目“河湖”相关项目占比情况

数据来源：https: //www.cpppc.org/。

（5）组合模式占比近 60%

组合模式包括厂网一体、河湖岸一体、网河湖岸一体、厂网河湖一体、厂网河湖岸一体、网河湖一体、厂河湖岸一体、厂网岸一体、网岸一体、厂岸一体、厂河湖一体。组合模式占比总计达 58.4%（图 4-6）。

“厂”“网”“河湖”“岸”等相关模式投资回报机制为政府付费或可行性缺口补助（表 4-1）。由于这两种机制都需要政府出钱，因此，无论这四个要素如何组合，均表现为“瘦型”组合，即“瘦瘦”组合、“瘦瘦瘦”组合、“瘦瘦瘦瘦”组合。

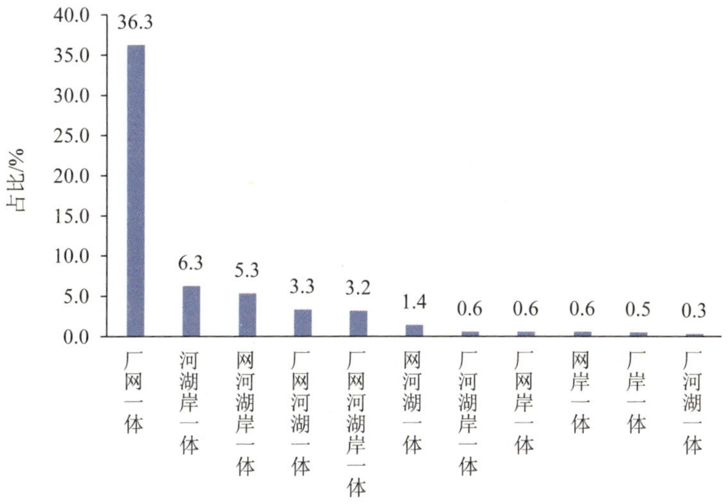

图 4-6 流域水环境治理 PPP 项目组合模式占比情况

数据来源：https：//www.cpppc.org/。

表 4-1 “厂”“网”“河湖”“岸”等相关模式投资回报机制分析

序号	要素	内容	投资回报机制
1	厂	污水处理厂	可行性缺口补助
2	网	污水收集管网	政府付费
3	河湖	清淤疏浚、生态修复、岸坡整治等	政府付费
4	岸	道路、停车场、路灯、垃圾收集处置、饮用水等市政设施建设	政府付费/可行性缺口补助

《关于推进水污染防治领域政府和社会资本合作的实施意见》（财建〔2015〕90 号）提出，积极发掘水污染防治相关周边土地开发、供水、林下经济、生态农业、生态渔业、生态旅游等收益创造能力较强的配套项目资源（肥瘦搭配），鼓励实施城乡供排水一体、厂网一体和行业‘打包’，实现组合开发，吸引社会资本参与。当前，供排水一体、

厂网一体和行业“打包”（“瘦瘦组合”）得到实施，“肥瘦搭配”总体上尚未落地。污水处理和流域综合整治 PPP 项目“瘦瘦组合”的原因主要有以下三个方面：

1）商业开发项目不属于 PPP 范畴。《国家发展改革委关于开展政府和社会资本合作的指导意见》（发改投资〔2014〕2724 号）提出，“PPP 模式主要适用于政府负有提供责任又适宜市场化运作的公共服务、基础设施类项目。燃气、供电、供水、供热、污水及垃圾处理等市政设施，公路、铁路、机场、城市轨道交通等交通设施，医疗、旅游、教育培训、健康养老等公共服务项目，以及水利、资源环境和生态保护等项目均可推行 PPP 模式”。地产开发等商业项目不属于“政府负有提供责任”的项目，无法纳入 PPP 范畴。《关于政府参与的污水、垃圾处理项目全面实施 PPP 模式的通知》（财建〔2017〕455 号）提出，“拟对政府参与的污水、垃圾处理项目全面实施政府和社会资本合作（PPP）模式”。商业开发项目不适合采用 PPP 模式，污水处理项目全面实施 PPP 模式，两者组合实施 PPP 模式存在政策障碍。

2）“肥瘦搭配”很难产生增值效应。“肥瘦搭配”的逻辑是，经营性项目收益可以弥补公益性项目成本。实际上，商业项目与环保项目组合实施，与商业项目单独推进相比，地方政府需要给商业项目更多的土地出让等优惠政策，相当于减少政府收入。收入减少和支出减少相抵，“肥瘦搭配”不但不能产生增值效应，而且让政府承担了更多的管理协调成本。

3）“肥”“瘦”机制不同难以搭配。第一，污水处理和流域综合整治 PPP 项目主要以厂网为主，全面采用 PPP 模式推进，需要按照 PPP 项目相关要求吸纳社会资本。而商业项目采用土地“招拍挂”方式进行招商，由于领域差异两种方式选择的社会资本一般不重合，从实施主体来看，“肥”和“瘦”在同一个项目中搭配实施有一定困难。第二，基础设施项目采用 PPP 模式实施，将项目环境效益与政府付费挂钩，有助于提升环境公共服务水平。如果设计成“肥瘦搭配”方式，相当于不需要政府付费，意味着政府很难有效地进行绩效管理，环境公共服务水平也将受到一定影响。第三，基础设施 PPP 项目运行周期较长，一般最短 10 年，大多 15～30 年，而招商项目实施周期差异较大，有的项目很快退出，两者搭配将会给基础设施供给带来巨大风险。第四，“肥瘦搭配”算账难度较大，政府为避免决策风险，必然会反复沟通论证，耗时较长，社会资本一般不愿进入。“肥”项目和“瘦”项目的社会资本方本来可以单独与政府方对接，“肥瘦搭配”后，如果“肥项目”的社会资本方和“瘦项目”的社会资本方成为联合体的两方，不但需要共同与政府方发生联系，两者之间也需要协调各种利益，增加交易成本。由于上述困难与障碍，虽然许多政策文件鼓励实施环保项目组合开发模式，但至今污水处理和流域综合整治 PPP 项目在组合方式上仅实现了“瘦瘦组合”，鲜见“肥瘦搭配”的成功模式。

4.2 环境污染第三方治理模式

环境污染第三方治理（简称第三方治理）是排污者通过缴纳或按合同约定支付费用，委托环境服务公司进行污染治理的新模式。第三方治理在部分地区和领域得到积极实践。从地方实践来看，应用第三方治理相对典型的是电厂脱硫脱硝治理、工业废水治理和产业园区环境治理等传统领域。

以江苏省为例，2016 年以来该省分领域、按步骤推动环境污染第三方治理。首先，重视强化排污责任单位承担污染治理主体责任，厘清排污企业、第三方企业的责权，健全排污责任单位与第三方治理企业间依

据市场规则确立的合同法律关系、相互监督制约机制、损害侵权赔偿补偿责任和责任追究机制等。其次，发挥环保标准引领与先导作用，适时、适度提高污染排放标准，实施网格化环境监管，健全行政执法与刑事司法联动机制，从严处罚违法排污行为，推行排污许可“一证式”管理新模式，整合碎片化污染排放信息，运用互联网、物联网等现代新技术，建立污染排放在线实时监控平台，实现重点监控企业在线监控全覆盖，加强监测监控信息共享和数据应用。

国家发展改革委办公厅印发的环境污染第三方治理典型案例（第一批），将中煤旭阳焦化污水第三方治理、衡水工业新区环境污染第三方治理、苏州工业园区污泥处置及资源化利用、安徽宜源环保科技股份有限公司华贸国际纺织工业城污水处理等作为 6 个典型案例予以公布。表 4-2 为从中选取的 4 个典型案例的主要内容。

表 4-2　环境污染第三方治理典型案例

序号	案例名称	概况	借鉴价值
1	中煤旭阳焦化污水第三方治理	河北中煤旭阳焦化有限公司原有污水处理站两座，由于系统运行不稳定，不能有效达标排放。2015 年 4 月，河北协同环保科技有限公司与河北中煤旭阳焦化有限公司签订合同，负责该公司焦化废水处理设施第三方运营。项目位于河北中煤旭阳焦化有限公司现有厂区内，河北协同环保科技股份有限公司对原有污水处理站进行了扩建及改造，扩建后的污水处理站处理能力达到 250 m^3/h，生化系统采用传统的 A/A-O 工艺。项目总投资 2 000 万元	该案例的项目建设和收费机制具有一定借鉴价值。 ①镶嵌式治理模式。该案例采用了典型的镶嵌式治理模式。第三方治理企业对焦化企业原有污水处理站的设备进行改造，并在原有污水处理工艺的基础上进行优化调节，处理后的废水全部回用。项目投入小，运营费用低于企业自运营费用。 ②收费机制。第三方治理企业根据进水 COD 指标和出水指标要求，制定了差异化收费方式，按照重点污染物浓度实行阶梯处理价格。该收费机制可以为焦化企业节约费用，同时也有利于保障第三方运营企业利益

序号	案例名称	概况	借鉴价值
2	衡水工业新区环境污染第三方治理	衡水工业新区是衡水市综合环境较为敏感的区域，规模以上工业企业达到 100 家。原来各企业的污染治理设施都由企业自己运营，部分企业技术力量不足，设施运营状况不稳定，常出现排放超标现象。 2015 年衡水工业新区决定引进第三方环境综合治理服务商，并通过招标选定了航天凯天环保科技股份有限公司负责新区环境服务以及环境污染综合整治。衡水工业新区管委会的投资公司与航天凯天环保科技股份有限公司共同投资成立衡水凯天环境工程有限公司，推进新区污染治理	该案例的综合整治打包模式及收付费机制具有一定借鉴价值。 ①整体打包模式。衡水工业新区通过招标选定第三方，项目涵盖生活污水、工业废水、中水回用、污泥处理、废气治理、监控平台建设等工程，系统性较强。第三方治理企业从源头整体统筹规划，最大限度地保障环境治理效果。 ②收费机制创新。衡水工业新区管委会建立收支平台，采取差异化收费方式，通过平台向排污企业收取污水处理费，并按照绩效考核结果向衡水凯天环境工程有限公司支付运营服务费
3	苏州工业园区污泥处置及资源化利用	2009 年 4 月，法国苏伊士集团与中新苏州工业园区市政公用发展集团有限公司共同组建苏州工业园区中法环境技术有限公司，致力于园区污泥处置服务。中法环境技术有限公司负责苏州工业园区污泥处置及资源化利用项目的投资、建设和运营，园区政府负责项目的监管和评估。 该项目一期工程于 2010 年 2 月正式开工建设，2011 年 5 月正式投产；二期工程于 2015 年 6 月开工建设，2016 年 7 月正式投产	该案例的项目建设和运行模式具有一定借鉴价值。项目采用“产业协同、循环利用”的建设模式，在规划设计上体现了循环经济和可持续发展的理念。具体做法是： ①项目选址于苏州东吴热电有限公司厂区内，并且紧邻园区第二污水处理厂，最大限度地缩短了脱水污泥和干污泥的运输距离。 ②充分利用污水厂、污泥厂及热电厂各自的资源。污泥厂利用热电厂的余热蒸汽和污水厂产生的中水干化污水厂产生的污泥，干化后的污泥作为生物质能用于热电厂焚烧发电，产生的蒸汽冷凝水回到热电厂作为锅炉补给水循环利用，焚烧产生的灰渣作为建筑辅材；生产过程中产生的污水排回污水厂进行处理后达标排放，实现了污泥厂、污水厂与热电厂之间的资源共享、协同发展

序号	案例名称	概况	借鉴价值
4	安徽宜源环保科技股份有限公司华贸国际纺织工业城污水处理	安徽华茂国际纺织工业城位于安庆临港开发区，一期规划建设用地面积2 851 亩[①]。为推动华茂纺织工业城污水集中处理工作，引入安徽宜源环保科技股份有限公司投资建设污水集中处理工程。该污水集中处理工程总占地面积为159 亩，一期建设内容为1.25 万 m^3/d 污水处理工程和4 775 m管网工程，2014 年7 月通过环保验收后投入运营。 污水处理工程采用混凝沉淀+A/O 法的污水处理工艺。华茂国际纺织工业城内各企业所排放的废水经收集、调节后，通过各自的专管排入宜源环保公司进行治理，污水治理达标后排入市政管网	该案例在工业园区总体规划及监管体系建设方面具有一定借鉴价值。 ①“四同步”模式。环境治理项目与园区项目实行同步规划、同步设计、同步建设、同步运营的“四同步”模式。在华茂国际纺织工业城规划伊始，就提出了园区配套的污水集中治理项目的设计、建设与运营的经营方案。 ②完善的监管体系。宜源环保科技有限公司委托第三方安徽合大环境检测有限公司对污水处理及排放定期检测和评估，安庆市环保局不定期进行抽查和环境督察。第三方检测企业和当地环境保护部门形成了双层监管体系，推动形成完善的监管体系

上述4 个案例在项目建设和运行模式、收付费机制、综合整治“打包”模式、工业园区总体规划及监管体系建设等方面具有借鉴价值。据统计，浙江省企业污染治理设施专业化运营后的达标排放率可达70%～80%，有的甚至可达到90%以上，与污染企业自行运营相比，达标率提高了30%～50%，运营成本节约了10%～20%。总而言之，环境污染第三方治理模式广泛实施的前提条件在于，只有排污企业真正有意愿治理污染、有意愿配备污染治理设施并有效运行的，相对自身开展污染治理而言，第三方治理污染才能够在确保达标排放的情况下节约成本，这样，也就自然而然地创造出第三方治理的有效需求。当前情况下，第三方治理需求与监管能力提升和违法排污成本提高密切相关。伴随环境监管能力的不断提升以及企业违法排污成本的不断提高，第三方治理模式将会

① 1 亩=1/15 hm^2。

得到更广泛、更切实有效的实施。

4.3 生态导向的发展（EOD）模式

EOD（ecology-oriented development）即生态导向的发展模式。“生态导向”的概念最早由美国学者霍纳蔡夫斯基（Honachefsky）于 1999 年提出，他认为美国城市无序蔓延及其对生态环境破坏等问题的出现，是将土地经济价值置于生态价值之上所致，因此强调应将区域生态价值和服务功能与土地开发利用政策相结合，从“生态优化”所强调的单纯“保护”向利用生态来引导区域开发的“生态导向”发展。

党的十八大以来，我国生态文明建设的重要性被提到前所未有的高度。习近平总书记强调指出，“良好生态环境是最公平的公共产品，是最普惠的民生福祉”“保护生态环境就是保护生产力，改善生态环境就是发展生产力”“我们既要绿水青山，也要金山银山。宁要绿水青山，不要金山银山，而且绿水青山就是金山银山”“要把生态环境保护放在更加突出位置，像保护眼睛一样保护生态环境，像对待生命一样对待生态环境”“在生态环境保护上一定要算大账、算长远账、算整体账、算综合账，不能因小失大、顾此失彼、寅吃卯粮、急功近利”“要大力推进生态文明建设，强化综合治理措施，落实目标责任，推进清洁生产，扩大绿色植被，让天更蓝、山更绿、水更清、生态环境更美好”“把生态文明建设融入经济建设、政治建设、文化建设、社会建设各方面和全过程”。实施 EOD 模式是推进生态文明、绿色发展、高质量发展的重要举措，是促进绿水青山向金山银山转化的重要路径。

本书梳理了自然资源部办公厅印发的生态产品价值实现典型案例（第一批）的 11 个项目，再加上蓟运河（蓟州段）综合治理与生态修复项目，共 12 个 EOD 典型案例（表 4-3）。

表 4-3 EOD 模式典型案例

序号	模式借鉴	案例名称	概况
1	城市发展战略层面“环境综合整治+产业导入+土地升值溢价+财政收入增加”	福建省厦门市五缘湾片区生态修复与综合开发案例	福建省厦门市五缘湾片区开展陆海环境综合整治和生态修复保护，提升了生态价值。同时，依托良好生态发展生态居住、休闲旅游、医疗健康、商业酒店、商务办公等现代服务产业，促进了土地资源升值溢价。从首次出让土地的 2005 年到 2019 年，15 年来五缘湾片区的地价实现了稳步增长；扣除土地储备和生态修复等成本后，区域综合开发的总收益达到 100.7 亿元。据测算，2019 年片区内财政总收入较 2003 年增加了约 37.7 亿元，占本岛财政总收入的比重由 2003 年的 3.7%增长到 2019 年的 8.3%
2		浙江省余姚市梁弄镇全域土地综合整治促进生态产品价值实现案例	浙江省余姚市梁弄镇以国土空间规划为统领，全域布局农地整理、耕地垦造、村庄迁并、产业进退和生态治理等整治工程，全镇划入生态保护红线的面积 8.38 万亩，占全域面积的 66.56%，打造了集农田、湖泊、河流、湿地、森林等多种自然生态要素于一体的空间布局。 梁弄镇积极发展红色教育培训、生态旅游、会展、民宿等“绿色+红色”产业，吸引游客“进入式消费”，充分显现了“绿色”生态产品和“红色”文化资源的价值。2019 年，梁弄镇接待的旅游人数突破 120 万人次，实现旅游收入 2.4 亿元；商务培训人数突破 15 万人次，其中仅健峰培训城的培训人数就达到 3 万余人次，经营收入 1.9 亿元；浙江省委党校四明山分校培训人数达到 3.3 万人次，成为浙江省内红色培训和旅游创新发展的示范区；引进了“蝶来紫溪原舍”等康养民宿新业态，吸引游客 1.5 万人次，年均收入 500 万元以上；实现了中国机器人峰会永久落户，梁弄镇成为长三角地区“游客上山、投资进山”的最佳目的地。 梁弄镇积极发展矿泉水产业，吸引浙江百岁山食品饮料公司投资建设百岁山矿泉水项目，2019 年实现了产值 2.5 亿元，上缴税收 5 600 多万元，为当地提供就业岗位 100 余个。借助全域土地综合整治成果发展现代农业，建成 40 余个水果采摘基地，总面积达到 3 500 亩，水果采摘季节的日均客流量达到 3 000 人次，2019 年共吸引采摘游客 50 万人次，帮助村民户均增收 1 万元以上

序号	模式借鉴	案例名称	概况
3	城市发展战略层面“环境综合整治+产业导入+土地升值溢价+财政收入增加”	江苏省徐州市潘安湖采煤塌陷区生态修复及价值实现案例	开展水土污染防治、地灾防治、生物多样性保护、生态旅游建设等一系列措施，系统治理塌陷区受损的自然生态系统。 通过产业转型，潘安湖地区从过去的煤炭开采、水泥粉磨等资源密集型产业，转型升级为生态旅游、创意文化、教育科技等现代新兴产业，区域住宅地价经历了治理前的约 30 万元/亩，到治理后的 100 万元/亩，再到现在 300 万元/亩的持续增长，实现了生态产品价值的外溢。潘安湖地区年接待游客人数达到了 380 万人次，形成了多个精品旅游线路和区域旅游品牌，促进了生态产品的价值显现。随着生态环境的改善，潘安湖周边逐步形成了旅游、文化、餐饮、民宿、景区服务、绿化等产业，带动了“生态+旅游”“生态+文化”等多种产业形态共同发展。比如毗邻潘安湖的马庄村，村内香包手工制作被确定为国家级非物质文化遗产，年销售额 2 000 余万元，带动村民创业就业、增收致富
4		山东省威海市华夏城矿坑生态修复及价值实现案例	威海市委、市政府确立 “生态威海”发展战略，把关停龙山区域采石场和修复矿坑摆在突出位置，将采矿区调整规划为文化旅游控制区，同时引入有修复意愿的威海市华夏集团作为区域修复治理的主体。截至 2019 年，华夏集团共搬运土方 6 456 万 m^3，恢复被毁山体近 4 000 亩；栽种各类树木 1 189 万株，龙山区域的森林覆盖率由原来的 56%提高到 95%，植被覆盖率由 65%提高到 97%；华夏集团通过“生态+文旅产业”的模式，让生态产品的价值得到充分显现。截至 2019 年年底，华夏城景区累计接待游客近 2 000 万人次，景区年收入达到 2.3 亿元，近 5 年累计缴税 1.16 亿元。随着生态环境的显著改善和华夏城景区的建成开放，带动了周边区域的土地增殖，其中住宅用地的市场交易价格从 2011 年最低的 58 万元/亩增长到 2019 年的 494 万元/亩，实现了生态产品价值的外溢。 生态旅游产业的发展带动了周边地区人员的充分就业和景区配套服务产业的繁荣，华夏城景区共吸纳周边居民 1 000 余人就业，人均年收入约 4 万元；带动了周边区域酒店、餐饮和零售业等服务业的快速发展，新增酒店客房约 4 170 间，新增餐饮等店铺约 2 000 家，吸纳周边居民创业就业 1 万余人，周边 13 个村的村集体经济收入年均增长率达到了 14.8%，实现了生态效益、经济效益和社会效益的有机统一

序号	模式借鉴	案例名称	概况
5	城市发展战略层面“环境综合整治+产业导入+土地升值溢价+财政收入增加”	江西省赣州市寻乌县山水林田湖草综合治理案例	寻乌县稀土资源丰富，自20世纪70年代末以来稀土开采不断，导致植被破坏、水土流失、水体污染、土地沙化和次生地质灾害频发等一系列严重问题。近年来，寻乌县坚持推进山水林田湖草生态保护修复，先后开展了文峰乡石排、柯树塘及涵水片区3个废弃矿山综合治理与生态修复工程，按照“宜林则林、宜耕则耕、宜工则工、宜水则水”的原则，统筹推进水域保护、矿山治理、土地整治、植被恢复等生态修复治理。 在项目推进上坚持“抱团攻坚”，打破原来山水林田湖草“碎片化”治理格局，一体化推进区域内“山、水、林、田、湖、草、路、景、村”治理。统筹各类项目资金，在山水林田湖草生态保护修复资金的基础上，整合国家生态功能区转移支付、东江上下游横向生态补偿、低质低效林改造等各类财政资金7.11亿元；由县财政出资、联合其他合作银行筹措资金成立生态基金，积极引入社会投资2.44亿元，确保项目“加速度”推进。 利用综合整治后的存量工业用地，建成了寻乌县工业用地平台，引进入驻企业30家，新增就业岗位3 371个，直接经济效益达1.05亿元以上。通过“生态+光伏”模式，实现项目年发电量3875万kW·h，年经营收入达3 970万元，项目区贫困户通过土地流转、务工就业等获益。通过“生态+扶贫”，建设高标准农田1 800多亩，利用修复后的5 600多亩土地种植油茶树、百香果等经济作物，极大地改善了当地居民的生活环境和耕种环境，年经济收入达到2 300万元。通过促进“生态+旅游”，实现“绿”“游”融合发展，年接待游客约10万人次，经营收入超过1 000万元，带动了周边村民收入的增长，推动了生态产品价值的实现
6		云南省玉溪市抚仙湖山水林田湖草综合治理案例	受流域磷矿开发、山地垦殖、人口快速扩张等因素影响，抚仙湖2002年局部暴发蓝藻，污染负荷逐步增加，大部分水域水质呈现快速下降的趋势，流域生态退化日趋严重。自2017年开始，抚仙湖地区被纳入全国山水林田湖草生态保护修复工程试点，省、市、县各级党委、政府坚持“节约优先、

序号	模式借鉴	案例名称	概况
6	城市发展战略层面“环境综合整治+产业导入+土地升值溢价+财政收入增加”	云南省玉溪市抚仙湖山水林田湖草综合治理案例	保护优先、自然恢复为主”的方针，围绕突出问题，推动抚仙湖流域整体保护、系统修复和综合治理，探索生态产品价值实现机制。按照“湖边做减法、城区做加法、减轻湖边负担”的原则，推进抚仙湖流域腾退工程，还自然以宁静。强力推进抚仙湖“四退三还”工作（退人、退房、退田、退塘，还湖、还水、还湿地）。 生态用地和建设用地实现“一增一减”，成功实施抚仙湖北岸生态湿地项目，恢复湿地 34 块 2 820 亩，建成湖滨缓冲带 7 425 亩、抚仙湖北岸生态调蓄带 7.85 km，共向抚仙湖补水 950.65 万 m^3，实现了入湖水体的自然净化，生物多样性明显提升，径流区森林覆盖率和生态承载力显著提高；2018—2035 年的规划建设用地面积从 10.2 万亩减少到 3.5 万亩，开发强度大幅降低。 严格按照农业产业规划布局和种植标准，发展生态苗木、荷藕、蓝莓、水稻、烤烟、小麦、油菜等节水节药节肥型高原特色生态绿色循环农业；工矿企业全部退出抚仙湖径流区，重新布局在径流区之外的工业园区，加快工业转型升级，稳定发展特色食品加工业和物流产业；打造集“医、学、研、康、养、旅”为一体的综合产业集群，推动生态文化旅游产业持续发展，群众生产生活方式从农业劳动向旅游服务转变
7	绿色发展机制创新层面“政府管控或设定限额+激励市场交易或生态补偿+促进生态产品供给”	福建省南平市“森林生态银行”案例	福建省南平市借鉴商业银行“分散化输入、整体化输出”的模式，构建“森林生态银行”这一自然资源管理、开发和运营的平台，对碎片化的森林资源进行集中收储和整合优化，转换成连片优质的“资产包”，引入社会资本和专业运营商具体管理。通过对接市场、资本和产业，先后启动了华润医药综合体、板式家具进出口产业园、西坑旅游康养等产业项目，推动生态产业化。成功交易了福建省第一笔林业碳汇项目，首期 15.55 万 t 碳汇量成交金额 288.3 万元，自主策划和实施了福建省第一个竹林碳汇项目。创新多主体、市场化的生态产品价值实现机制，实现了森林生态“颜值”、林业发展“素质”、林农生活“品质”的共同提升

序号	模式借鉴	案例名称	概况
8	绿色发展机制创新层面“政府管控或设定限额+激励市场交易或生态补偿+促进生态产品供给”	重庆市拓展地票生态功能促进生态产品价值实现案例	按照“生态优先、实事求是、农户自愿、因地制宜”的原则实施复垦，宜耕则耕、宜林则林、宜草则草。通过明确新增经营性建设用地“持票准用”制度，即重庆市范围内新增加的经营性建设用地，都必须在购买地票后再办理农用地转用手续。截至 2019 年年底，重庆市完成农村建设用地复垦 35.97 万亩，其中 2018 年拓展地票生态功能以来复垦形成林地 4 129 亩，累计交易地票 30.45 万亩，实际使用地票 23.54 万亩，为城镇化过程中的城乡发展、人地协同搭建了制度平台。约有 7 600 个农村集体经济组织参与了地票交易，累计获得集体地票收益 150 余亿元，农户获得地票收益约 330 亿元；全市累计交易贫困区县地票 21.98 万亩，实现收益 430.48 亿元，占同期全市地票交易量的 72.4%；累计有 13.63 万个进城落户居民家庭选择以地票方式变现财产权，实现了“地随人走、带着财产进城”
9		重庆市森林覆盖率指标交易案例	2019 年 3 月，位于重庆市主城区、绿化空间有限的江北区，为实现森林覆盖率 55%的目标，与渝东南的国家级贫困县酉阳县签订了全国首个“森林覆盖率交易协议”，江北区向酉阳县购买 7.5 万亩森林面积指标，交易金额 1.875 亿元，按照 3∶3∶4 的比例分三年向酉阳县支付指标购买资金，专项用于酉阳县森林资源保护发展工作。2019 年 11 月，渝东北贫困县城口县与主城区九龙坡区也签订了交易协议，完成了 1.5 万亩森林面积指标的交易，交易金额 3 750 万元。2019 年 12 月，重庆市南岸区、经开区管委会共同向巫溪县购买 1 万亩森林面积指标，交易金额 2 500 万元

序号	模式借鉴	案例名称	概况
10	绿色发展机制创新层面“政府管控或设定限额+激励市场交易或生态补偿+促进生态产品供给”	湖北省鄂州市生态价值核算和生态补偿案例	鄂州市境内的梁子湖被誉为全国十大名湖之一。但由于钢铁、水泥等产业比重过高，传统的珍珠养殖业大量投肥、投料影响水质，鄂州市的生态环境一度亮起了“红灯”，部分水系的水质恶化为Ⅳ类以下，梁子湖出现水面面积和库容减少、野生鱼类资源逐年下降等问题。 为践行“绿水青山就是金山银山”的理念，鄂州市近年以湖北省首批自然资源资产负债表和领导干部自然资源资产离任审计试点为契机，实施鄂州市生态价值工程，在生态价值计量、生态补偿、生态资产融资、生态价值目标考核等方面开展制度设计和实践探索。按照价值实现的内在逻辑，鄂州市将生态价值工程分为四个环节：首先是自然资源调查与确权，摸清家底、夯实生态价值实现的基础；其次是生态价值计量，将自然生态系统提供的各类服务和贡献，统一计量为无差别的货币单位；再次是生态价值应用及实现，将价值计量的结果运用于各区之间的生态补偿；最后是开展考核，推动生态责任制度化。通过环环相扣的制度设计和试点探索，鄂州市在解决生态环境“痛点”的同时，探索构建了促进生态产品供给和价值实现的长效机制。 鄂州市制定了《关于建立健全生态保护补偿机制的实施意见》等制度，按照政府主导、各方参与、循序渐进的原则，在实际测算的生态服务价值基础上，先期按照20%的权重进行三区之间的横向生态补偿，逐年增大权重比例，直至体现全部生态服务价值。对需要补偿的生态价值部分，试行阶段先由鄂州市财政给予70%的补贴，剩余30%由接受生态服务的区向供给区支付，再逐年降低市级补贴比例，直至完全退出。2017—2019年，梁子湖区分别获得生态补偿5 031万元、8 286万元和10 531万元，由鄂州市财政、鄂城区财政和华容区财政共同支付。资金主要用于农村污水处理、环湖水源涵养林带建设、水生植被修复、沿湖岸线整治等生态保护修复，不断夯实生态基础。梁子湖区还利用优美生态环境和毗邻武汉等优势，重点发展有机农业、乡村旅游等生态产业，在保护生态的同时带动了村民增收致富

序号	模式借鉴	案例名称	概况
11	绿色发展机制创新层面“政府管控或设定限额+激励市场交易或生态补偿+促进生态产品供给”	美国湿地缓解银行案例	美国对生态环境保护法律的制定和严格执行以及“补偿性缓解”原则的确立，是培育湿地缓解银行交易需求的基础。根据美国《清洁水法》第 404 条的规定，美国陆军工程兵团建立了工程许可审批制度，对任何破坏或损害湿地、水道环境的项目进行审批，以监管对湿地、溪流和河流产生的任何不利影响，这些项目既包括私人部门实施的土地开发，也包括政府部门实施的公共基础设施或军事类项目。 在此基础上，美国确定了“补偿性缓解”原则，即政府各部门和企业在项目规划设计阶段，就必须充分考虑其对湿地、河流和其他自然生态系统的影响，并严格遵循“缓解措施优先级别”顺序：首先应尽量避免项目对湿地和河流造成影响，如果避免不了，应该将影响降到最低；如果这些方案都不可行，才能采用补偿性缓解机制，即允许项目开发者采用补偿生态环境损失的方式来抵消损害（如购买湿地信用），并实现湿地资源的“零净损失”。只有在补偿完成之后，才能获得项目开发的许可，由此培育了专门为不可避免的开发提供补偿的湿地缓解银行业务。 2010 年以来，美国的湿地缓解银行业务每年以 18%的速度增长，2016 年交易总量达到了 36 亿美元，每年吸引 30 亿～40 亿美元的私人资金投入到基金和企业中开展缓解银行业务，并为投资者提供 10%～20%的年度收益，以及为地方政府带来长期稳定的财产税收入（购买土地所有权或地役权）。在缓解银行业务的推动下，由生态修复企业引领的技术创新、新型生态修复项目和保护咨询业务不断涌现，促进了大量科学技术和规划专业知识的应用，私营领域环境投资的形式和规模也持续发展，每年通过新增收入和就业为美国贡献了数亿美元的 GDP。因此，包括美国在内的一些国家和地区已经将缓解银行业务列为优先甚至是首选的补偿模式

序号	模式借鉴	案例名称	概况
12	单体项目层面“环境综合整治+多渠道回报机制（土地出让收益和税收分享)+财政转移支付+奖补资金+经营收益等”	蓟运河(蓟州段)综合治理与生态修复项目	蓟运河流域（蓟州段）部分水体受到污染，地表水量减少、地下水位下降，已经成为制约蓟州区可持续发展的重要因素。蓟州区政府拟实施全域水系综合治理和重点矿山修复等建设。由社会资本方与政府指定的合作公司共同组建流域投资公司，作为项目实施的投融资、建设和运营一体化市场主体，流域投资公司根据具体项目实施需要另行组建专业化公司，开展项目建设及运营管理和产业开发等工作，形成“1+N”的生态环境治理的市场化运作体系。通过土地开发、产业导入、资产经营等多种形式实现良性运营。投资回报资金来自以下途径： ①水系综合治理专项资金。区政府根据水系综合治理实际需求，设立水系综合治理专项资金（以下简称专项资金），用于蓟运河流域（蓟州段）综合治理与生态修复。该专项资金来源包括但不限于以下几个方面： 国有土地出让收益。国有土地出让收益作为政府性基金预算流入财政，政府通过基金预算支出途径将土地出让收益纳入专项资金。鉴于流域生态修复项目可带动土地增殖，创造更有吸引力的投资环境，原则上对于流域投资公司在蓟州区自主开发的项目，政府扣除土地整理成本并按国家规定计提土地出让净收益部分以外，将全额作为项目还款来源；对于流域投资公司在流域综合治理 1 km 范围内非自主开发的项目，政府扣除土地整理成本并按国家规定计提土地出让净收益部分以外，将全额作为项目还款来源（新城公司整理地块范围内双方协商一定比例土地收益作为还款来源）；对于流域投资公司流域综合治理 1 km 范围外毗邻区域非自主开发的项目，政府扣除土地整理成本并按国家规定计提土地出让净收益部分以外，以一定比例土地收益作为项目还款来源。 税收政策支持。项目合作期限内，对于流域投资公司在蓟州区自主开发的项目，产生的新增税收及非税收入的地方留成部分全部纳入专项资金；对于在流域综合治理 1 km 内非自主开发的项目，产生的新增税收及非税收入的地方留成部分计提一定比例纳入专项资金，用于流域投资公司的投资成本及投资回报

序号	模式借鉴	案例名称	概况
12	单体项目层面“环境综合整治+多渠道回报机制（土地出让收益和税收分享）+财政转移支付+奖补资金+经营收益等”	蓟运河（蓟州段）综合治理与生态修复项目	政府财政转移支付。区政府将上级对本项目的专项转移支付，纳入专项资金；区政府从一般转移支付中支出一定比例，纳入专项资金。 奖补资金。本项目包含公益性子项目，属于环保领域，可以申请“水污染防治专项资金”“重点流域水环境综合治理专项资金”“全国中小河流治理项目资金”“天津市环境保护专项资金”等奖补资金，纳入专项资金；将水资源税收、环境保护税收和地方国有企业利润计提进行一定比例组合作为补偿资金，纳入专项资金。 ②用活土地资源收益。流域投资公司通过以下途径用活土地资源，获得合理收益。 土地整治收益。流域投资公司依据土地利用总体规划和土地整治规划，投资或参与高标准农田建设、土地整治补充耕地、复垦农村建设用地等方面的土地整治项目。 土地指标交易收益。新增耕地或提质改造后的耕地，作为占补平衡指标，用于区域内耕地占补平衡；对复垦为耕地的建设用地，按照增减挂钩政策，由流域投资公司优先使用。节余指标进行交易时，流域投资公司分享一定比例的交易收益。 土地整理和运营收益。区有关部门通过合规方式引入流域投资公司对辖区内的可开发用地进行土地整理和整体规划，同时建设、运营和管理开发地块的基础设施和公共设施。 农村集体建设用地入市流转。对土地利用总体规划确定为工业、商业等经营性用途，并经依法登记的集体建设用地，由土地所有权人通过出让、出租、作价入股等方式交由流域投资公司使用，形成多元化的股权结构，共同参与项目开发。 ③盘活经营性资产。鼓励流域投资公司积极参与区域内水库、供水、污水处理、垃圾处理、旅游资源等项目的投资建设和经营管理，政府方股东分红及税收作为项目回款来源。通过湿地公园合理利用区内苗景兼用以及水杂粮种植运营获取收益；盘活州河和环秀湖水资源、生物资源开发及其他运营性资产，产生稳定的现金流。流域投资公司通过合规方式获取相关产业特许经营权，负责文化旅游、矿产等资源的特许经营

序号	模式借鉴	案例名称	概况
12	单体项目层面“环境综合整治+多渠道回报机制（土地出让收益和税收分享)+财政转移支付+奖补资金+经营收益等”	蓟运河(蓟州段)综合治理与生态修复项目	④推行政府购买生态服务。遵循经济交易和等价交换的原则，按照国家和天津市的政府购买服务有关政策，购买生态产品和服务，包括以生物丰度、植被覆盖度、水网密度、生态补水、土地退化、环境质量等指数综合衡量的生态产品提供和运营养护服务。将生态产品和服务列入政府采购目录，所需费用纳入政府财政预算，依法委托和购买生态服务。在购买服务执行过程中，建立第三方绩效考核评价体系；建立三年一轮的动态协商价格调整机制；按照政府购买服务有关政策规定，积极探索战略合作等购买方式。 ⑤导入多元产业增强收益。结合脱贫攻坚、乡村振兴等工作，在河流沿线发展三产融合产业；在生态限制开发线内，规划一定比例的土地空间进行产业开发；流域投资公司优先开发观光农业、康养、新能源等环境友好型项目。若当地的治理区域内无法满足开发条件，可通过空间调整、置换等方式解决。 地方政府可授予流域投资公司产业招商职能，协同政府招商，做大做强区域产业增量。地方政府向流域投资公司支付产业发展服务费与招商奖励。 ⑥股权转让。上述方式仍不能使流域投资公司实现资金平衡时，区政府平台公司等其他股东分期收购社会资本方股权；也可经股东协商，将社会资本方股权转让给股东以外的投资者

根据12个典型案例特征差异将其划分为三类。

（1）城市发展战略层面“环境综合整治+产业导入+土地升值溢价+财政收入增加”

福建省厦门市五缘湾片区生态修复与综合开发、浙江省余姚市梁弄镇全域土地综合整治促进生态产品价值实现、江苏省徐州市潘安湖采煤塌陷区生态修复及价值实现、山东省威海市华夏城矿坑生态修复及价值实现、江西省赣州市寻乌县山水林田湖草综合治理、云南省玉溪市抚仙湖山水林田湖草综合治理 6 个案例，先期开展多种形式的环境综合整治活动，在改善生态环境质量、形成环境效益的同时，导入旅游、文化、生态农业、房产开发等产业，带来土地升值溢价、财政收入增加、促进社会就业、市场主体和劳动者收入增加等经济和社会效益。上述案例是地方政府践行生态文明理念、大胆创新探索的典范，不是基于短期利益和单个项目寻求投资回报，而是从长远发展、绿色发展、高质量发展、可持续发展等战略层面，寻求整体利益优化的发展路径，也是未来 EOD 模式最重要的发展方向之一。

（2）绿色发展机制创新层面“政府管控或设定限额+激励市场交易或生态补偿+促进生态产品供给”

福建省南平市“森林生态银行”、重庆市拓展地票生态功能促进生态产品价值实现、重庆市森林覆盖率指标交易、湖北省鄂州市生态价值核算和生态补偿、美国湿地缓解银行 5 个案例，通过政府管控或设定限额等方式，创造对生态产品的交易需求或者构建生态服务供给的补偿机制，走出了以自然资源产权交易和政府管控下的指标限额交易为核心，将政府主导与市场力量相结合的价值实现路径。上述案例是地方政府践行生态文明理念、大胆探索绿色发展机制创新的典范，也是未来实践 EOD 模式的重要发展方向之一。

（3）单体项目层面“环境综合整治+多渠道回报机制（土地出让收益和税收分享）+财政转移支付+奖补资金+经营收益等”

蓟运河（蓟州段）综合治理与生态修复项目是特许经营类单体项目，于 2019 年 8 月由中交疏浚联合中交四航院以 65.4 亿元中标。单体项目吸引社会资本投入和确保项目顺利有效实施的关键在于，项目本身具有相对完善的投资回报机制。蓟运河流域（蓟州段）综合治理与生态修复投资较大，为覆盖社会资本投资、运营及合理回报，项目设计了多渠道回报机制，包括国有土地出让收益分享、税收分享、政府财政转移支付、奖补资金、土地整治收益、土地指标交易收益、土地整理和运营收益、农村集体建设用地入市流转、盘活经营性资产、政府购买生态服务、导入多元产业增强收益、股权转让等。复杂的投资回报机制、环境保护与商业开发双重专业化要求、复杂交易结构决定的政府与社会资本合作巨大交易成本、风险和收益的诸多不确定性等因素，将使单体项目层面的EOD 模式实施具有较大困难和挑战，需通过未来实践进一步检验此种模式的可行性、可复制性和可推广性。

4.4 小结

水污染防治是生态环境 PPP 项目的重要构成。截至 2019 年年底，从全国 PPP 综合信息平台项目管理库中筛选识别污水处理和流域综合整治 PPP 项目 1 200 个，根据项目建设内容将其划定为 14 种模式。其中，“厂”“网”“河湖”“岸”的不同组合模式为 11 种。由于商业开发项目不属于 PPP 范畴、“肥瘦搭配”很难产生增值效应、“肥”“瘦”机制不同难以搭配等问题，污水处理和流域综合整治 PPP 项目基本表现为“瘦型”组合，鲜见“肥瘦搭配”的成功模式，以政府付费或可行性缺口补助为投资回报机制的生态环境 PPP 项目，目前难以通过“组合开发、肥瘦搭配”方式来避免每一年度本级全部 PPP 项目支出，不超过当年本级一般公共预算支出 10%的限制。相对环保基础设施的投资需求，生态环境 PPP 项目的实施空间仍然非常有限。

我国积极探索实践环境污染第三方治理模式，部分项目在建设和运行模式、收付费机制、综合整治“打包”模式、工业园区总体规划及监管体系建设等方面具有重要借鉴价值。从理论上讲，第三方治理模式的实施可提高污染物排放达标率，降低项目运营成本，便于政府监督管理等。只有环境监管能力不断提升以及企业违法排污成本不断提高，第三方治理模式才会得到更广泛、更切实有效的实施。

我国正在实施的 EOD 模式总体包括三类：第一类为城市发展战略层面“环境综合整治+产业导入+土地升值溢价+财政收入增加”，从长远发展、绿色发展、高质量发展、可持续发展等战略层面，寻求整体利益优化的发展路径，这也是未来 EOD 模式最重要的发展方向之一。第二类为绿色发展机制创新层面“政府管控或设定限额+激励市场交易或生态补偿+促进生态产品供给”，通过政府管控或设定限额等方式，创造对生态产品的交易需求或者构建生态服务供给的补偿机制，这也是未来 EOD 模式重要的发展方向之一。第三类为单体项目层面“环境综合整治+多渠道回报机制（土地出让收益和税收分享）+财政转移支付+奖补资金+经营收益等”，由于复杂的投资回报机制、环境保护与商业开发双重专业化要求、复杂交易结构决定的政府与社会资本合作巨大交易成本、风险和收益的诸多不确定性等因素，将使单体项目层面的 EOD 模式实施具有较大困难和挑战。

5

环保投融资政策分析

5.1 国家主要环保投融资政策

按照主体划分，国家环保投融资政策涉及政府、企业、公众、金融机构以及社会资本。表 5-1 列出了具有重要意义的国家环保投融资政策。

表 5-1 国家重要环保投融资政策

年份	企业	政府	金融机构	社会资本	公众
1979	排污收费制度、环保“三同时”制度				
2004		设立中央财政环保专项资金			
2007		设置“211”环境保护科目	节能减排授信工作指导意见		
2008		国家重点生态功能区转移支付政策			

年份	企业	政府	金融机构	社会资本	公众
2012			绿色信贷指引		
2013				环境污染第三方治理政策	
2014				生态环境PPP政策	污水处理费征收政策
2015			能效信贷指引、绿色债券发行指引		关于制定和调整污水处理收费标准等有关问题的通知
2016			关于构建绿色金融体系的指导意见		
2018	环境保护税征收政策				关于创新和完善促进绿色发展价格机制的意见

1979 年的排污收费制度和环保“三同时”制度、2018 年的环境保护税征收政策，属于与排污企业相关的重要环保投融资制度；2004 年设立的中央财政环保专项资金、2007 年设置的“211”环境保护科目、2008 年的国家重点生态功能区转移支付政策，属于与政府相关的重要环保投融资政策；2007 年的《节能减排授信工作指导意见》、2012 年的《绿色信贷指引》、2015 年的《能效信贷指引》和《绿色债券发行指引》、2016 年的《关于构建绿色金融体系的指导意见》，属于与金融机构相关的重要环保投融资政策；2013 年的环境污染第三方治理政策、2014 年的生态环境 PPP 政策，属于与社会资本相关的重要环保投融资政策；2014 年的污水处理费征收政策、2015 年的《关于制定和调整污水处理收费标准等有关问题的通知》、2018 年的《关于创新和完善促进绿色发展价格机制的意见》，属于与公众相关的重要环保投融资政策。

5.1.1 企业

排污收费是促进企业加大环保投融资的间接政策，通过收费手段激励企业安装和运行污染治理设施，以减少排污费缴纳金额。环保“三同时”是促进企业进行环保投融资的直接制度安排，如果企业未通过环保“三同时”验收，则建设项目不能投产使用，以此倒逼新、改、扩建项目配套建设污染治理设施。环境保护税法的制定与实施，意味着排污收费制度已结束使命。该税法是在清费正税背景下，发挥税收对企业环境行为的调节作用、促进企业加强环保投融资的重要手段。

（1）排污收费

1979 年 9 月颁布的《中华人民共和国环境保护法（试行）》，提出“超过国家规定的标准排放污染物，要按照排放污染物的数量和浓度，根据规定收取排污费”，从而确立了超标排污收费的制度。1982 年 7 月，国务院实施《征收排污费暂行办法》，排污收费制度在全国普遍实行。1988 年 7 月，国务院颁布《污染源治理专项基金有偿使用暂行办法》，启动了排污费资金有偿使用改革。沈阳市环境保护基金是当时全国最先设立的地方环境保护基金。随后，全国许多地方开始设立环境保护基金。2003 年 7 月，《排污费征收使用管理条例》实施，实行排污即收费和“收支两条线”管理，将原来的污水、废气超标单因子收费改为按污染物的种类、数量以污染当量为单位实行总量多因子排污收费。总体来看，排污收费制度在筹集污染治理资金、加强环保部门能力建设，以及促进企业污染治理方面曾经发挥了重要作用。随着环境保护税的征收，该制度已经废止。

（2）环保“三同时”

1979 年 9 月颁布的《中华人民共和国环境保护法（试行）》，提出“在进行新建、改建和扩建工程时，必须提交对环境影响的报告书，经环境保护部门和其他有关部门审查批准后才能进行设计；其中防止污染和其他公害的设施，必须与主体工程同时设计、同时施工、同时投产”，环保“三同时”制度得以确定。近 40 年来，该制度对促进新、改、扩建项目进行污染治理投资发挥了最重要的作用，1991—2017 年建设项目“三同时”环保投资累计达 3.1 万亿元。

（3）环境保护税

《中华人民共和国环境保护税法》已由中华人民共和国第十二届全国人民代表大会常务委员会第二十五次会议于2016年12月25日通过，自 2018 年 1 月 1 日起施行。该法规定了中华人民共和国领域和中华人民共和国管辖的其他海域，直接向环境排放应税污染物的企业事业单位和其他生产经营者为环境保护税的纳税人，应当依照本法规定缴纳环境保护税。有下列情形之一的，不属于直接向环境排放污染物，不缴纳相应污染物的环境保护税：①企业事业单位和其他生产经营者向依法设立的污水集中处理、生活垃圾集中处理场所排放应税污染物的；②企业事业单位和其他生产经营者在符合国家和地方环境保护标准的设施、场所贮存或者处置固体废物的。依法设立的城乡污水集中处理、生活垃圾集中处理场所超过国家和地方规定的排放标准向环境排放应税污染物的，应当缴纳环境保护税。企业事业单位和其他生产经营者贮存或者处置固体废物不符合国家和地方环境保护标准的，应当缴纳环境保护税。环境保护税的征收对于调节企业事业单位和其他生产经营者环境保护行为、保护和改善环境、减少污染物排放、推进生态文明建设等具有重要意义，同时也使原有稳定的“排污费”渠道不复存在。

5.1.2 政府

2004 年首次设立的中央财政环保专项资金以及后续逐步设立的若干中央环保专项资金，对引导地方政府环保投入发挥了重要作用。2007 年设立的“211”环境保护科目，使环保在预算支出科目中单立户头，对建立稳定的财政环保支出渠道、加大财政环保支出发挥了重要作用。中央财政 2008 年设立的国家重点生态功能区转移支付，对引导和激励地方政府加强生态保护、维护国家生态安全、推进美丽中国建设等发挥了重要作用。

（1）中央财政环保专项资金

财政部和国家环境保护总局于 2003 年公布《排污费资金收缴使用管理办法》。该办法规定，排污费 10%作为中央预算收入缴入中央国库，作为中央环境保护专项资金管理；90%作为地方预算收入，缴入地方国库，作为地方环境保护专项资金管理，主要用于下列项目拨款补助或者贷款贴息：①重点污染源防治；②区域性污染防治；③污染防治新技术、新工艺的开发、示范和应用；④国务院规定的其他污染防治项目。

根据上述办法要求，我国最早于 2004 年设立了中央财政环保专项资金。随着环境问题的演变以及我国对生态环境保护工作的日益重视，中央层面相继设立相关环保专项资金：2007 年设立主要污染物减排专项资金、城镇污水处理设施配套管网建设以奖代补专项资金（后更名为城市管网及污水处理补助资金）、“三河三湖”及松花江流域水污染防治专项资金；2008 年设立农村环境整治资金；2010 年设立重金属污染防治专项资金；2011 年设立湖泊生态环境保护专项资金；2012 年设立中央海岛保护专项资金；2013 年设立大气污染防治专项资金；2014 年整合“三河三湖”及松花江流域水污染防治专项资金和湖泊生态环境保护专项资金，设立江河湖泊治理与保护专项资金；2015年整合江河湖泊治理与保护专项资金设立水污染防治专项资金；2016年设立重点生态保护修复治理专项，整合重金属污染防治专项资金设立土壤污染防治专项资金。

（2）“211”环境保护科目

《2007年政府收支分类科目》类级科目增设“211”环境保护，包括环境保护管理事务、环境监测与监察、污染防治、自然生态保护、天然林保护、退耕还林、风沙荒漠治理、退牧还草、已垦草原退耕还草、其他环境保护支出10款。

①环境保护管理事务包括8项：行政运行；一般行政管理事务；机关服务；环境保护宣传；环境保护法规、规划及标准；环境国际合作及履约；环境保护行政许可；其他环境保护管理事务支出。②环境监测与监察包括5项：环境监测与信息；环境执法监察；建设项目环评审查与监督；核与辐射安全监督；其他环境监测与监察支出。③污染防治包括8项：大气；水体；噪声；固体废弃物与化学品；放射源和放射性废物监管；辐射；排污费支出；其他污染防治支出。④自然生态保护包括3项：生态保护；农村环境保护；其他自然生态保护支出。⑤天然林保护包括7项：森林保护；社会保险补助；政策性社会性支出补助；职工分流安置；职工培训；天然林保护工程建设；其他天然林保护支出。⑥退耕还林包括6项：粮食折现挂账贴息、退耕现金、退耕还林粮食折现补贴、退耕还林粮食费用补贴、退耕还林工程建设、其他退耕还林支出。⑦风沙荒漠治理包括5项：京津风沙源禁牧舍饲粮食折现补助；京津风沙源治理禁牧舍饲粮食折现挂账贴息；京津风沙源治理禁牧舍饲粮食费用补贴；京津风沙源治理工程建设；其他风沙荒漠治理支出。⑧退牧还草包括4项：退牧还草粮食折现补贴；退牧还草粮食费用补贴；退牧还草粮食折现挂账贴息；其他退牧还草支出。⑨已垦草原退耕还草仅

1 项。⑩其他环境保护支出仅 1 项。

“211”环境保护科目设立使环保在预算支出科目中有了户头，把散落在其他科目下的财政环保支出统一纳入该科目，较为清晰、全面、系统地反映了政府各项环境保护支出。

（3）国家重点生态功能区转移支付

中央财政自 2008 年起设立国家重点生态功能区转移支付，从 2008 年的 60 亿元增加到 2018 年的 721 亿元。2011 年财政部印发《国家重点生态功能区转移支付办法》（财预〔2011〕428 号），强调该转移支付资金设立的目的在于，维护国家生态安全，引导地方政府加强生态环境保护，提高国家重点生态功能区所在地政府基本公共服务保障能力，促进经济社会可持续发展。明确资金支持范围包括：①青海三江源自然保护区、南水北调中线水源地保护区、海南国际旅游岛中部山区生态保护核心区等国家重点生态功能区。②《全国主体功能区规划》中限制开发区域（重点生态功能区）和禁止开发区域。③生态环境保护较好的省区。对原环境保护部指定的《全国生态功能区划》中其他国家生态功能区给予引导性补助。

5.1.3 金融机构

2007 年的《节能减排授信工作指导意见》、2012 年的《绿色信贷指引》、2015 年的《能效信贷指引》和《绿色债券发行指引》、2016 年的《关于构建绿色金融体系的指导意见》，均提出了引导金融机构加大节能环保投资的具体政策措施。

（1）《节能减排授信工作指导意见》

2007 年 11 月，中国银监会印发了《节能减排授信工作指导意见》。该意见对下述七个方面做了重要规定。

第一，银行业金融机构应依据国家产业政策，对列入国家产业政策限制和淘汰类的新建项目，不得提供授信支持；对属于限制类的现有生产能力，且国家允许企业在一定期限内采取措施升级的，可按信贷原则继续给予授信支持；对于淘汰类项目，原则上应停止各类形式的新增授信支持，并采取措施收回已发放的授信。银行业机构不得绕开项目授信程序，以流动资金贷款、承兑汇票或其他各种表内外方式向建设项目提供融资和担保。

第二，银行业金融机构应密切关注授信企业节能减排目标的完成情况和环保合规情况，加强与节能减排主管部门的沟通，对其公布和认定的耗能、污染问题突出且整改不力的授信企业，除与改善节能减排有关的授信外，不得增加新的授信，原有的授信要逐步压缩和收回。

第三，银行业金融机构要加强重点行业落后生产能力的分析，对国家和省级发展改革委或其他有关部门已列入落后生产能力名单的企业和项目贷款，要采取合理有效的措施，及时调整、压缩和收回与落后产能有关的授信。

第四，银行业金融机构要及时跟踪国家确定的节能重点工程、再生能源项目、水污染治理工程、二氧化硫治理、循环经济试点、水资源节约利用、资源综合利用、废弃物资源化利用、清洁生产、节能减排技术研发和产业化示范及推广、节能技术服务体系、环保产业等重点项目，综合考虑信贷风险评估、成本补偿机制和政府扶持政策等因素，有重点地给予信贷需求的满足，并做好相应的投资咨询、资金清算、现金管理等金融服务。

第五，银行业金融机构对得到国家和地方财税等政策性支持的企业和项目，对节能减排效果显著并得到国家主管部门表彰、推荐、鼓励的企业和项目，在同等条件下，可优先给予授信支持。

第六，银行业金融机构应实施有差别的地区信贷政策，参照国家有关部门公布的各省、自治区、直辖市节能减排指标完成情况，在同等条件下，对节能减排显著地区的企业和项目，可优先给予授信支持；对被国家环保部门列入“区域限批”或“流域限批”名单的地区，要从严控制授信。

第七，银行业金融机构要充分利用国家实施节能减排战略带来的业务发展机遇，加强金融创新，积极开发与节能减排有关的创新金融产品。

（2）《绿色信贷指引》

2012 年 2 月，中国银行业监督管理委员会印发《绿色信贷指引》（银监发〔2012〕4 号）。该指引对下述五个方面做了重要规定。

第一，银行业金融机构应当从战略高度推进绿色信贷，加大对绿色经济、低碳经济、循环经济的支持，防范环境和社会风险，以此优化信贷结构，提高服务水平，促进发展方式转变。

第二，银行业金融机构应当有效识别、计量、监测、控制信贷业务活动中的环境和社会风险，建立环境和社会风险管理体系，完善相关信贷政策制度和流程管理。本指引所称环境和社会风险是指银行业金融机构的客户及其重要关联方在建设、生产、经营活动中可能给环境和社会带来的危害及相关风险，包括与耗能、污染、土地、健康、安全、移民安置、生态保护、气候变化等有关的环境与社会问题。

第三，银行业金融机构应当根据国家环保法律法规、产业政策、行业准入政策等规定，建立并不断完善环境和社会风险管理的政策、制度和流程，明确绿色信贷的支持方向和重点领域，对国家重点调控的限制类以及有重大环境和社会风险的行业制定专门的授信指引，实行有差别、动态的授信政策，实施风险敞口管理制度。

第四，银行业金融机构应当制定针对客户的环境和社会风险评估标准，对客户的环境和社会风险进行动态评估与分类，相关结果应当作为其评级、信贷准入、管理的重要依据，并在贷款“三查”、贷款定价和经济资本分配等方面采取差别化的风险管理措施。银行业金融机构应当对存在重大环境和社会风险的客户实行名单制管理，要采取风险缓释措施，包括制定并落实重大风险应对预案，建立充分、有效的利益相关方沟通机制，寻求第三方分担环境和社会风险等。

第五，银行业金融机构应当加强绿色信贷能力建设，建立健全绿色信贷标识和统计制度，完善相关信贷管理系统，加强绿色信贷培训，培养和引进相关专业人才。必要时可以借助合格、独立的第三方对环境和社会风险进行评审或通过其他有效的服务外包方式，获得相关专业服务。

（3）《能效信贷指引》

2015 年 1 月，中国银监会、国家发展和改革委员会印发《能效信贷指引》（银监发〔2015〕2 号）。该指引对下述四个方面做了重要规定。

第一，能效信贷业务的重点服务领域包括：①工业节能，主要涉及电力、煤炭、钢铁、有色金属、石油石化、化工、建材、造纸、纺织、印染、食品加工、照明等重点行业；②建筑节能，主要涉及既有和新建居住建筑、国家机关办公建筑和商业、服务业、教育、科研、文化、卫生等其他公共建筑，建筑集中供热、供冷系统节能设备及系统优化，可再生能源建筑应用等；③交通运输节能，主要涉及铁路运输、公路运输、水路运输、航空运输和城市交通等行业；④与节能项目、服务、技术和设备有关的其他重要领域。

第二，银行业金融机构应在有效控制风险和商业可持续的前提下，加大对以下重点能效项目的信贷支持力度：①有利于促进产业结构调整、企业技术改造和重要产品升级换代的重点能效项目；②符合国家规划的重点节能工程或列入国家重点节能低碳技术推广目录的能效项目及合同能源管理项目，效益突出、信用良好、能源管理体系健全的“万家企业”中的节能技改工程等；③高于现行国家标准的低能耗、超低能耗新建节能建筑，符合国家绿色建筑评价标准的新建二星级、三星级绿色建筑和绿色保障性住房项目，既有建筑节能改造、绿色改造项目，可再生能源建筑应用项目，集中供热、供冷系统节能改造、节能运行管理项目、获得绿色建材二星级、三星级评价标识的项目，符合国家能效技术规范和绿色评价标准的新建码头及配套节能减排设施等；④符合国家绿色、循环、低碳交通运输要求的重点节能工程或试点示范项目，符合船舶能效技术规范和二氧化碳排放限值的新建船舶，列入低碳交通运输“千家企业”的节能项目等；⑤符合国家半导体照明节能产业规划的半导体照明产业化及室内外半导体照明应用项目等；⑥获得国家或地方政府有关部门资金支持的节能技术改造项目和重大节能技术产品产业化项目；⑦其他符合国家产业政策或者行业规划的重点能效项目。

第三，银行业金融机构应在做好风险防范的前提下加快能效信贷产品和服务创新，积极提供包括银行信贷、外国政府转贷款、债券承销、保理、融资租赁、引入投资基金等多种融资方式，扩大支持面，提高服务效率。积极探索以能效信贷为基础资产的信贷资产证券化试点工作，推动发行绿色金融债，扩大能效信贷融资来源。

第四，银行业金融机构应积极探索能效信贷担保方式创新，以应收账款质押、履约保函、国际金融机构和国内担保公司的损失分担（或信用担保）、知识产权质押、股权质押等方式，有效缓解节能服务公司面临的有效担保不足、融资难的问题，同时确保风险可控。

（4）《绿色债券发行指引》

2015 年 12 月，国家发展和改革委员会办公厅印发《绿色债券发行指引》（发改办财金〔2015〕3504号）。该指引指出，“绿色债券指募集资金主要用于支持节能减排技术改造、绿色城镇化、能源清洁高效利用、新能源开发利用、循环经济发展、水资源节约和非常规水资源开发利用、污染防治、生态农林业、节能环保产业、低碳产业、生态文明先行示范实验、低碳试点示范等绿色、循环、低碳发展项目的企业债券”。现阶段支持重点见表5-2。

表5-2 绿色债券现阶段支持重点

项目类型	项目举例
节能减排技术改造项目	包括燃煤电厂超低排放和节能改造，以及余热暖民等余热余压利用、燃煤锅炉节能环保提升改造、电机系统能效提升、企业能效综合提升、绿色照明等
绿色城镇化项目	包括绿色建筑发展、建筑工业化、既有建筑节能改造、海绵城市建设、智慧城市建设、智能电网建设、新能源汽车充电设施建设等
能源清洁高效利用项目	包括煤炭、石油等能源的高效清洁化利用
新能源开发利用项目	包括水能、风能、核能、太阳能、生物质能、地热、浅层地温能、海洋能、空气能等开发利用
循环经济发展项目	包括产业园区循环化改造、废弃物资源化利用、农业循环经济、再制造产业等
水资源节约和非常规水资源开发利用项目	包括节水改造、海水（苦咸水）淡化、中水利用等
污染防治项目	包括污水、垃圾等环境基础设施建设，大气、水、土壤等突出环境问题治理，危废、医废、工业尾矿等处理处置
生态农林业项目	包括发展有机农业、生态农业，以及特色经济林、林下经济、森林旅游等林产业
节能环保产业项目	包括节能环保重大装备、技术产业化，合同能源管理，节能环保产业基地（园区）建设等
低碳产业项目	包括国家重点推广的低碳技术及相关装备的产业化，低碳产品生产

项目类型	项目举例
	项目，低碳服务相关建设项目等
生态文明先行示范实验项目	包括生态文明先行示范区的资源节约、循环经济发展、环境保护、生态建设等项目
低碳发展试点示范项目	包括低碳省（市）试点、低碳城（镇）试点、低碳社区试点、低碳园区试点的低碳能源、低碳工业、低碳交通、低碳建筑等低碳基础设施建设及碳管理平台建设项目

（5）《关于构建绿色金融体系的指导意见》

2016 年 8 月，中国人民银行、财政部、国家发展改革委、环境保护部、银监会、证监会、保监会印发《关于构建绿色金融体系的指导意见》。该意见做了五个方面的重要规定（表 5-3）。

表 5-3　绿色金融体系构建主要内容

分类	主要内容
大力发展绿色信贷	构建支持绿色信贷的政策体系。完善绿色信贷统计制度，加强绿色信贷实施情况监测评价。探索通过再贷款和建立专业化担保机制等措施支持绿色信贷发展。对于绿色信贷支持的项目，可按规定申请财政贴息支持。探索将绿色信贷纳入宏观审慎评估框架，并将绿色信贷实施情况关键指标评价结果、银行绿色评价结果作为重要参考，纳入相关指标体系，形成支持绿色信贷等绿色业务的激励机制，以及抑制高污染、高能耗和产能过剩行业贷款的约束机制
	推动银行业自律组织逐步建立银行绿色评价机制。明确评价指标设计、评价工作的组织流程及评价结果的合理运用，通过银行绿色评价机制引导金融机构积极开展绿色金融业务，做好环境风险管理。对主要银行先行开展绿色信贷业绩评价，在取得经验的基础上，逐渐将绿色银行评价范围扩大至中小商业银行

分类	主要内容
大力发展绿色信贷	推动绿色信贷资产证券化。在总结前期绿色信贷资产证券化业务试点经验的基础上，通过进一步扩大参与机构范围，规范绿色信贷基础资产遴选，探索高效、低成本抵质押权变更登记方式，提升绿色信贷资产证券化市场流动性，加强相关信息披露管理等举措，推动绿色信贷资产证券化业务常态化发展
	研究明确贷款人环境法律责任。依据我国相关法律法规，借鉴环境法律责任相关国际经验，立足国情探索研究明确贷款人尽职免责要求和环境保护法律责任，适时提出相关立法建议
	支持和引导银行等金融机构建立符合绿色企业和项目特点的信贷管理制度，优化授信审批流程，在风险可控的前提下对绿色企业和项目加大支持力度，坚决取消不合理收费，降低绿色信贷成本
	支持银行和其他金融机构在开展信贷资产质量压力测试时，将环境和社会风险作为重要的影响因素，并在资产配置和内部定价中予以充分考虑。鼓励银行和其他金融机构对环境高风险领域的贷款和资产风险敞口进行评估，定量分析风险敞口在未来各种情景下对金融机构可能带来的信用和市场风险
	将企业环境违法违规信息等企业环境信息纳入金融信用信息基础数据库，建立企业环境信息的共享机制，为金融机构的贷款和投资决策提供依据
推动证券市场支持绿色投资	完善绿色债券的相关规章制度，统一绿色债券界定标准。研究完善各类绿色债券发行的相关业务指引、自律性规则，明确发行绿色债券筹集的资金专门（或主要）用于绿色项目。加强部门间协调，建立和完善我国统一的绿色债券界定标准，明确发行绿色债券的信息披露要求和监管安排等。支持符合条件的机构发行绿色债券和相关产品，提高核准（备案）效率
	采取措施降低绿色债券的融资成本。支持地方和市场机构通过专业化的担保和增信机制支持绿色债券的发行，研究制定有助于降低绿色债券融资成本的其他措施

分类	主要内容
推动证券市场支持绿色投资	研究探索绿色债券第三方评估和评级标准。规范第三方认证机构对绿色债券评估的质量要求。鼓励机构投资者在进行投资决策时参考绿色评估报告。鼓励信用评级机构在信用评级过程中专门评估发行人的绿色信用记录、募投项目绿色程度、环境成本对发行人及债项信用等级的影响，并在信用评级报告中进行单独披露
	积极支持符合条件的绿色企业上市融资和再融资。在符合发行上市相应法律法规、政策的前提下，积极支持符合条件的绿色企业按照法定程序发行上市。支持已上市绿色企业通过增发等方式进行再融资
	支持开发绿色债券指数、绿色股票指数以及相关产品。鼓励相关金融机构以绿色指数为基础开发公募、私募基金等绿色金融产品，满足投资者需要
	逐步建立和完善上市公司和发债企业强制性环境信息披露制度。对属于环境保护部门公布的重点排污单位的上市公司，研究制定并严格执行对主要污染物达标排放情况、企业环保设施建设和运行情况以及重大环境事件的具体信息披露要求。加大对伪造环境信息的上市公司和发债企业的惩罚力度。培育第三方专业机构为上市公司和发债企业提供环境信息披露服务的能力。鼓励第三方专业机构参与采集、研究和发布企业环境信息与分析报告
	引导各类机构投资者投资绿色金融产品。鼓励养老基金、保险资金等长期资金开展绿色投资，鼓励投资人发布绿色投资责任报告。提升机构投资者对所投资资产涉及的环境风险和碳排放的分析能力，就环境和气候因素对机构投资者（尤其是保险公司）的影响开展压力测试
设立绿色发展基金，通过 PPP 模式动员社会资本	支持设立各类绿色发展基金，实行市场化运作。中央财政整合现有节能环保等专项资金设立国家绿色发展基金，投资绿色产业，体现国家对绿色投资的引导和政策信号作用。鼓励有条件的地方政府和社会资本共同发起区域性绿色发展基金，支持地方绿色产业发展。支持社会资本和国际资本设立各类民间绿色投资基金。政府出资的绿色发展基金要在确保执行国家绿色发展战略及政策的前提下，按照市场化方式进行投资管理

分类	主要内容
设立绿色发展基金，通过 PPP 模式动员社会资本	地方政府可通过放宽市场准入、完善公共服务定价、实施特许经营模式、落实财税和土地政策等措施，完善收益和成本风险共担机制，支持绿色发展基金所投资的项目
	支持在绿色产业中引入 PPP 模式，鼓励将节能减排降碳、环保和其他绿色项目与各种相关高收益项目打捆，建立公共物品性质的绿色服务收费机制。推动完善绿色项目 PPP 相关法规规章，鼓励各地在总结现有 PPP 项目经验的基础上，出台更加具有操作性的实施细则。鼓励各类绿色发展基金支持以 PPP 模式操作的相关项目
发展绿色保险	在环境高风险领域建立环境污染强制责任保险制度。按程序推动制修订环境污染强制责任保险相关法律或行政法规，由环境保护部门会同保险监管机构发布实施性规章。选择环境风险较高、环境污染事件较为集中的领域，将相关企业纳入应当投保环境污染强制责任保险的范围。鼓励保险机构发挥在环境风险防范方面的积极作用，对企业开展“环保体检”，并将发现的环境风险隐患通报环境保护部门，为加强环境风险监督提供支持。完善环境损害鉴定评估程序和技术规范，指导保险公司加快定损和理赔进度，及时救济污染受害者、降低对环境的损害程度
	鼓励和支持保险机构创新绿色保险产品和服务。建立完善与气候变化相关的巨灾保险制度。鼓励保险机构研发环保技术装备保险、针对低碳环保类消费品的产品质量安全责任保险、船舶污染损害责任保险、森林保险和农牧业灾害保险等产品。积极推动保险机构参与养殖业环境污染风险管理，建立农业保险理赔与病死牲畜无害化处理联动机制
	鼓励和支持保险机构参与环境风险治理体系建设。鼓励保险机构充分发挥防灾减灾功能，积极利用互联网等先进技术，研究建立面向环境污染责任保险投保主体的环境风险监控和预警机制，实时开展风险监测，定期开展风险评估，及时提示风险隐患，高效开展保险理赔。鼓励保险机构充分发挥风险管理专业优势，开展面向企业和社会公众的环境风险管理知识普及工作

分类	主要内容
完善环境权益交易市场，丰富融资工具	发展各类碳金融产品。促进建立全国统一的碳排放权交易市场和有国际影响力的碳定价中心。有序发展碳远期、碳掉期、碳期权、碳租赁、碳债券、碳资产证券化和碳基金等碳金融产品与衍生工具，探索研究碳排放权期货交易
	推动建立排污权、节能量（用能权）、水权等环境权益交易市场。在重点流域和大气污染防治重点领域，合理推进跨行政区域排污权交易，扩大排污权有偿使用和交易试点。加强排污权交易制度建设和政策创新，制定完善排污权核定和市场化价格形成机制，推动建立区域性及全国性排污权交易市场。建立和完善节能量（用能权）、水权交易市场
	发展基于碳排放权、排污权、节能量（用能权）等各类环境权益的融资工具，拓宽企业绿色融资渠道。在总结现有试点地区银行开展环境权益抵（质）押融资经验的基础上，确定抵（质）押物价值测算方法及抵（质）押率参考范围，完善市场化的环境权益定价机制，建立高效的抵（质）押登记及公示系统，探索环境权益回购等模式解决抵（质）押物处置问题，推动环境权益及其未来收益权切实成为合格抵（质）押物，进一步降低环境权益抵（质）押物业务办理的合规风险。发展环境权益回购、保理、托管等金融产品

5.1.4 社会资本

2013 年以来，国家层面大力推进环境污染第三方治理和生态环境 PPP 政策，分别基于企业事权的工业污染治理和政府事权的环境基础设施建设，引入专业化的社会资本进行建设运维，以提高污染治理效率和效果。

（1）环境污染第三方治理

2013 年 11 月，党的十八届三中全会通过的《中共中央关于全面深化改革若干重大问题的决定》首次提出“推行环境污染第三方治理”。此后，从中央到地方，各级政府出台了一系列第三方治理相关政策文件。2014 年 12 月国务院办公厅发布的《关于推行环境污染第三方治理的意见》（国办发〔2014〕69 号），是首个规范该治污模式的文件，为第三方治理体系构建提供宏观架构，主要涉及市场运作、企业实施路径和相关政策。截至 2020 年 4 月，国家层面出台的环境污染第三方治理相关重要政策文件见表 5-4。

表 5-4　环境污染第三方治理政策文件情况

发布时间	文件名称	主要内容
2013.11	《中共中央关于全面深化改革若干重大问题的决定》	积极发展环保市场，引入市场机制，将社会资本引入生态环境保护领域，推行环境污染第三方治理
2014.12	《关于推行环境污染第三方治理的意见》（国办发〔2014〕69 号）	健全第三方治理市场，以工业园区、环境公用设施等领域为切入点和重点
2015.9	《关于开展环境污染第三方治理试点示范工作的通知》（发改环资〔2015〕1459 号）	在全国环境公用基础设施、工业园区和重点企业污染治理两大领域启动环境污染第三方治理试点示范工作
2015.12	《关于在燃煤电厂推行环境污染第三方治理的指导意见》（发改环资〔2015〕3191 号）	到 2020 年，燃煤电厂环境污染第三方治理服务范围进一步扩大，将由现有的二氧化硫、氮氧化物治理领域全面扩大至废气、废水、固体废物等环境污染治理领域
2016.12	《关于印发环境污染第三方治理合同（示范文本）的通知》（发改办环资〔2016〕2836 号）	提供建设运营模式和委托运营模式的环境污染第三方治理合同示范文本
2017.8	《关于推进环境污染第三方治理的实施意见》（环规财函〔2017〕172 号）	以环境污染治理市场化、专业化、产业化为导向，推动建立排污者付费、第三方治理与排污许可证制度有机结合的污染治理新机制的总体思路和目标制定
2018.6	《打赢蓝天保卫战三年行动计划》	加快发展合同能源管理、环境污染第三方治理和社会化监测
2019.7	《关于深入推进园区环境污染第三方治理的通知》（发改办环资〔2019〕785 号）	在京津冀及周边地区、长江经济带、粤港澳大湾区范围内的园区推行环境污染第三方治理

（2）生态环境 PPP

为推进政府和社会资本合作，加强对 PPP 模式的推广、规范和指导，2014 年以来，中共中央、国务院以及财政部、国家发展改革委、生态环境部等陆续出台一系列生态环境 PPP 政策文件。2015 年 4 月，环境保护部会同财政部印发《关于推进水污染防治领域政府和社会资本合作的实施意见》（财建〔2015〕90 号），以水污染防治领域为突破口，推进环保领域实施 PPP 模式，推动建立吸引社会资本投入环保市场的机制。2017 年 7 月，财政部会同住建部、农业部、环境保护部联合发布《关于政府参与的污水、垃圾处理项目全面实施 PPP 模式的通知》（财建〔2017〕455 号），提出符合全面实施 PPP 模式条件的各类污水、垃圾处理项目，政府参与的途径仅限于 PPP 模式，有序推进存量项目转型为 PPP 模式。

《政府和社会资本合作项目财政承受能力论证指引》（财金〔2015〕21 号）要求，“每一年度全部 PPP 项目需要从预算中安排的支出责任，占一般公共预算支出比例应当不超过 10%”。《财政部关于推进政府和社会资本合作规范发展的实施意见》（财金〔2019〕10 号）要求，财政支出责任占比超过 5%的地区，不得新上政府付费项目，按照“实质重于形式”原则，污水、垃圾处理等依照“收支两条线”管理，表现为政府付费形式的 PPP 项目除外。实施 PPP 模式仍然是解决生态环境领域投入不足、资金使用效率不高的一个重要举措，也是提高生态环境公共服务供给质量与效率的重要途径，是构建以政府为主导、企业为主体、社会组织和公众共同参与的环境治理体系的重要内容。由于生态环境 PPP 项目投资回报机制一般为政府付费或可行性缺口补助，10%和 5%的支出上限使生态环境 PPP 项目的实施空间受限。

5.1.5 公众

我国落实污染者付费原则，向公众征收污染处置费的项目包括城镇生活污水、农村生活污水、城镇生活垃圾、农村生活垃圾等收费项目，其中，城镇生活污水收费相关规定较多。

（1）污水处理费征收

2014 年 12 月，财政部、国家发展改革委、住房城乡建设部印发《污水处理费征收使用管理办法》（财税〔2014〕151 号），自 2015 年 3 月 1 日起施行。该办法规定，“污水处理费属于政府非税收入，全额上缴地方国库，纳入地方政府性基金预算管理，实行专款专用。”“凡设区的市、县（市）和建制镇已建成污水处理厂的，均应当征收污水处理费；在建污水处理厂、已批准污水处理厂建设项目可行性研究报告或项目建议书的，可以开征污水处理费，并应当在开征 3 年内建成污水处理厂且投入运行。”污水处理费的征收标准，按照覆盖污水处理设施正常运营和污泥处理处置成本并合理盈利的原则制定，由县级以上地方价格、财政和排水主管部门提出意见，报同级人民政府批准后执行。污水处理费的征收标准暂时未达到覆盖污水处理设施正常运营和污泥处理处置成本并合理盈利水平的，应当逐步调整到位”。

（2）制定和调整污水处理收费标准

根据《国家发展改革委、财政部、住房城乡建设部关于制定和调整污水处理收费标准等有关问题的通知》（发改价格〔2015〕119 号），“污水处理收费标准应按照‘污染付费、公平负担、补偿成本、合理盈利’的原则，综合考虑本地区水污染防治形势和经济社会承受能力等因素制定和调整。收费标准要补偿污水处理和污泥处置设施的运营成本并合理盈利。2016 年年底前，设市城市污水处理收费标准原则上每吨应调整至居民不低于 0.95 元，非居民不低于 1.4 元；县城、重点建制镇原则上每吨应调整至居民不低于 0.85 元，非居民不低于 1.2 元。已经达到最低收费标准但尚未补偿成本并合理盈利的，应当结合污染防治形势等进一步提高污水处理收费标准。未征收污水处理费的市、县和重点建制镇，最迟应于 2015 年年底前开征，并在 3 年内建成污水处理厂投入运行”。

（3）绿色发展价格

《国家发展改革委关于创新和完善促进绿色发展价格机制的意见》（以下简称《意见》）（发改价格规〔2018〕943 号），对城镇生活污水、农村生活污水、城镇生活垃圾及农村生活垃圾的收费要求进行了规定（表 5-5）。

表 5-5 《意见》相关收费要求

收费领域	收费要求
城镇生活污水	建立城镇污水处理费动态调整机制。按照补偿污水处理和污泥处置设施运营成本（不含污水收集和输送管网建设运营成本）并合理盈利的原则，制定污水处理费标准，并依据定期评估结果进行动态调整，2020 年年底前实现城市污水处理费标准与污水处理服务费标准大体相当；具备污水集中处理条件的建制镇全面建立污水处理收费制度，并同步开征污水处理费
农村生活污水	探索建立污水处理农户付费制度。在已建成污水集中处理设施的农村地区，探索建立农户付费制度，综合考虑村集体经济状况、农户承受能力、污水处理成本等因素，合理确定付费标准
城镇生活垃圾	建立健全城镇生活垃圾处理收费机制。按照补偿成本并合理盈利的原则，制定和调整城镇生活垃圾处理收费标准。2020 年年底前，全国城市及建制镇全面建立生活垃圾处理收费制度。鼓励各地创新垃圾处理收费模式，提高收缴率。鼓励各地制定促进垃圾协同处理的综合性配套政策，支持水泥、有机肥等企业参与垃圾资源化利用
农村生活垃圾	探索建立农村垃圾处理收费制度。在已实行垃圾处理制度的农村地区，建立农村垃圾处理收费制度，综合考虑当地经济发展水平、农户承受能力、垃圾处理成本等因素，合理确定收费标准，促进乡村环境改善

综上所述，我国污染者付费制度不断完善，相关规定不断细化，朝着应收尽收的方向不断调整。总体来看，各地区在具体落实方面与国家收费政策要求具有一定差距。未来应进一步鼓励和引导地方建立动态化收费制度，创新收缴方式，加大宣传教育力度，确保收费制度切实得到有效实施。

5.2 地方环保投融资政策创新

5.2.1 环保贷

5.2.1.1 做法与经验

江苏和安徽两地推行省级“环保贷”，主要做法与经验如下。

（1）参与主体：三方合作共赢

“环保贷”是省财政厅、省生态环境厅、合作银行共同设立的一款金融产品。省财政厅负责对风险资金池提供风险补偿资金；省生态环境厅负责建立生态环保项目库，为“环保贷”业务提供项目储备；合作银行负责对项目库中的项目发放贷款。通过设立生态环保项目贷款风险补偿资金池，为省内企业开展污染防治、生态保护修复、环保基础设施建设及环保产业发展等项目进行贷款增信和风险补偿，以构建多元化和市场化生态环保投入机制，引导更多金融资本进入生态环保领域。

（2）机制建立：风险分担合理

以江苏省为例，财政部门将风险资金池的资金在先期用于合作银行“环保贷”的业务增信，合作银行承诺在协议期内安排不低于风险资金20倍的信贷配套资金。财政部门与合作银行共担贷款风险损失，如果发生风险损失，风险资金池按约定比例就贷款本金实际损失额进行补偿

（表 5-6）。风险资金池补偿金额累计达到 30%时，财政部门暂停与合作银行开展“环保贷”业务。1 年内合作银行月平均贷款余额未达到资金池规模 5 倍的，财政部门暂停与合作银行开展“环保贷”业务。单一项目贷款发生风险补偿时，如果银行在该笔贷款到期前一年月平均贷款余额未达到资金池规模 20 倍的，按实际贷款放大倍数的 1/20 核定风险补偿金额（贷款到期时间在协议期之后的，按照协议到期前一年月平均贷款余额核定）。对银行违法违规或者过错造成的贷款损失，财政部门和生态环境部门不承担相应的补偿责任。

表 5-6　财政部门和合作银行差别化风险分担比例

序号	贷款规模	单笔贷款风险补偿责任承担比例	
		财政部门	合作银行
1	单笔贷款小于 300 万元（含）	70%的本金损失	30%的本金损失和全部利息损失
2	单笔贷款在 300 万～1 000 万元（含）	65%的本金损失	35%的本金损失和全部利息损失
3	单笔贷款在 1 000 万～2 000 万元	60%的本金损失	40%的本金损失和全部利息损失

（3）产品设计：政策、市场兼具

“环保贷”的政策功能表现为，合作银行需承诺“环保贷”抵（质）押率要优于同期商业贷款，不得以任何形式提高或变相提高项目单位贷款条件和贷款成本，这增强了环保项目和环保企业融资可行性，降低了融资成本。“环保贷”的市场功能表现为，要根据项目单位环保信用评价结果实行差别化贷款利率。对于信用评价结果为良好及以上（环保信用评价结果为绿色、蓝色）的项目单位，按照人民银行同期同档次基准利率上浮最高不超过 15%的利率放贷。对于信用评价结果为其他（包括未参加环保信用评价）的项目单位，按照人民银行同期同档次基准利率上浮最高不超过20%的利率放贷。

（4）补偿追偿：步骤简单、明确

以江苏省为例，对于"环保贷"业务中项目单位未按期归还贷款的，合作银行要及时启动追偿工作程序。合作银行在司法机关受理项目单位借款合同纠纷诉讼后，可向财政部门和生态环境部门提出风险补偿申请，申请材料包括"环保贷"不良贷款风险补偿申请报告、"环保贷"不良贷款风险补偿申请表以及司法机构出具的案件受理通知等法律文书。经财政部门和生态环境部门审核确认后，合作银行从监管账户中按约定比例就风险补偿金额予以划扣。必要时，财政部门和生态环境部门可委托中介审计机构对合作银行提出的不良贷款风险补偿申请进行独立的第三方审计，根据审计报告决定是否给予风险补偿。合作银行收到拨付的风险补偿资金后，向财政部门和生态环境部门出具收款回执及追偿承诺函，并按承诺函要求做好不良贷款追偿工作，每季度向财政部门和生态环境部门书面报告项目单位不良贷款追偿和资产处置进展情况。司法部门出具终结执行的《民事裁定书》后，合作银行应及时将司法追偿结果报告财政部门和生态环境部门，并提交项目单位资产处置和追偿工作的说明。合作银行通过司法诉讼等途径追偿项目单位贷款所得净收入，按照约定实际赔付比例以先本金后利息的形式归还至风险资金池。

5.2.1.2 认识与体会

（1）"环保贷"是撬动金融和社会资本生态环保投入的重要金融创新产品

我国绝大多数环保企业和中小型排污企业一般不具备上市资格，只能利用银行贷款和商业信用筹资等方式融资。因上述企业一般抵（质）

押条件较差，银行放贷时往往持谨慎态度，致使企业获得贷款难度较大。即便是银行愿意放贷，也要以企业付出高成本代价为前提，不但银行要上浮贷款利率，企业还要向担保公司、贷款银行支付不菲的担保费、抵押资产评估费、财务顾问费、业务咨询费等额外费用。而“环保贷”这一金融创新产品的出现，利用财政部门建立的风险资金池，有效引导金融机构的环保投入，解决了环保项目和环保企业融资难和融资贵的问题。

（2）“环保贷”仅致力于解决金融机构和项目单位之间信息不对称问题

因金融机构和项目单位之间存在信息不对称问题，在抵（质）押条件较差的情况下，金融机构不能准确识别项目单位的还款能力。而“环保贷”能够发挥财政资金的引导、带动作用，消除金融机构的顾虑，使银行在放贷时不再过于谨慎，增加了环保项目和环保企业贷款成功的概率，然而“环保贷”不能解决生态环保项目投资回报问题。当前，我国除污水、垃圾和危险废物、医疗废物处置外，其他绝大多数生态环保领域，如黑臭水体治理、饮用水水源地保护、良好湖泊保护、环境综合整治、农村环境综合整治等，因“污染者付费”机制缺位、政府投入不足、投资回报机制不完善，无法引导金融机构和社会资本加大生态环保投入，这类突出问题无法通过“环保贷”得以解决。

（3）当前省级“环保贷”尚存在贷款规模小和贷款时间短等问题

江苏省和安徽省分别要求“环保贷”单一项目通过风险资金池支持从合作银行获得的贷款余额原则上不超过人民币 2 000 万元、4 000 万元。两省均要求贷款期限原则上不少于 1 年、不超过 5 年。而我国生态环保项目一般投资大、周期长。以生态环保 PPP 项目为例，项目总投资一般大于 1 亿元，按照 30%的资本金、70%的贷款进行计算，至少需要向银行融资 7 000 万元。而且，PPP 项目合作周期一般不少于 10 年。由此可见，“环保贷”关于贷款规模和贷款时间的规定，与现行生态环境 PPP 项目的实施要求不匹配。

目前我国仅江苏和安徽等少数地区设立省级“环保贷”，亟须总结先行地区经验与教训，为其他地区提供参考与借鉴。国家应鼓励、引导更多地区设立省级“环保贷”，尤其是生态环保项目融资困难的地区，更应发挥这一金融产品优势，引导金融机构和社会资本加大生态环保投入。国家应指导地方加大贷款规模、延长贷款年限，促使生态环境 PPP 项目能够有效利用“环保贷”产品。

“环保贷”应强化地方财政和金融机构风险共担机制，以财政风险补偿资金池为增信手段，引导金融机构加大对污染防治攻坚项目的支持力度，解决污染治理和环境基础设施项目融资难和融资贵的问题，推进项目尽快落地实施。对“环保贷”运行较好的地区，建议中央财政给予奖励。“环保贷”坚持贯彻国家战略，通过规定资金投向，引导金融机构加大生态环境保护投入；实行市场化运作，金融机构对备选项目进行独立审贷，综合考虑项目实施及其法定代表人信用情况等，决定是否发放贷款及贷款额度；发挥地方财政资金持续引导作用，建立财政资金首次注入和风险偿付后资金补充机制，持续引导金融机构加大生态环保投入。

合作银行以贷款方式支持污染防治攻坚项目，其抵质押率要优于同期商业贷款，并不得以任何形式提高或变相提高项目单位贷款条件和贷款成本。发生偿贷风险时，由资金池和合作银行按照风险分担比例共同承担。合作银行可视情况向地方财政部门申请补充风险资金池。资金用于支持各地污染防治和环境基础设施建设重点项目，优先支持环保信用评价等级良好及以上企业的项目。对于采用 PPP 模式、环境污染第三方治理方式开展的项目，环保贷资金优先给予支持。

5.2.2 绿色发展基金

5.2.2.1 做法与经验

目前，我国已在重庆、河南、内蒙古、广东、江苏、安徽、浙江等地探索建立由地方政府支持的绿色发展基金。

（1）重庆环保产业股权投资基金

2015 年，环境保护部对外合作中心和重庆市环保局共同发起成立重庆环保产业股权投资基金，是全国第一只在中国证券投资基金业协会备案的政府主导的环保类股权投资基金，体现了“使市场在资源配置中起决定性作用和更好发挥政府作用”这一改革核心要求。重庆环保产业股权投资基金注册资本 2 000 万元人民币，中绿实业有限公司持股 18%、重庆环保投资有限公司持股 39%，两家国有单位合计持股 57%，其他股东为上市公司及民营企业。该基金确立了股权投资、产投融合、咨询服务相结合的业务发展方向，投资领域涵盖了节能环保、新能源、新材料、高新制造等领域。2019 年该基金规模达到 115 亿元。

（2）河南省绿色发展基金

2019 年，河南省设立了绿色发展基金，首期规模 35 亿元，其中省财政出资 5 亿元，河南省农业综合开发公司筹集 5 亿元，相关省辖市出资 5 亿元，子基金规模 20 亿元。该基金通过投贷联动形式与银行合作，将带动银行贷款不低于 140 亿元，形成不低于 175 亿元的投资规模。未来基金规模为 160 亿元，将带动银行等金融机构以债权方式支持不低于 640 亿元，形成不低于 800 亿元的投资规模。该基金投资范围是围绕推动经济绿色转型升级，促进绿色产业发展，激发市场绿色投资动力，重点支持河南省内清洁能源、生态环境保护和恢复治理、垃圾污水处理、土壤修复与治理、绿色林业等领域的项目。

（3）长江绿色发展投资基金

2019 年 11 月 27 日，长江绿色发展基金管理有限公司在中国三峡集团北京总部正式揭牌。长江绿色发展投资基金由国家发改委与三峡集团共同发起设立，定位为国家级产业投资基金，首期募集资金 200 亿元，未来计划形成千亿元级规模。该基金拟重点投向长江经济带沿江省（市）水污染治理、水生态修复、水资源保护、绿色环保及能源革命创新技术等领域，全力支持长江经济带绿色发展。

（4）广东环保基金

2018 年广东省财政出资 20 亿元设立广东环保基金。环保基金以“母子基金”为架构，引入 PPP 模式，充分发挥财政资金的引导、放大作用，撬动社会资本。粤科金融集团与广东省建筑工程集团有限公司、广东平安银行广州分行合作，三方共同发起总规模为 63 亿元的广东环保基金母基金，将主要参与 PPP 项目包的前期启动和发起设立子基金，积极引导社会资本投向粤东、粤西、粤北生活垃圾处理及配套管网设施建设项目，使环保基金放大到 10 倍以上，达到超过 200 亿元的基金规模。

5.2.2.2 认识与体会

生态环保项目具有公益性强、风险大、收益低等特点，普遍存在融资难、融资贵的问题。绿色发展基金作为金融工具，能充分发挥财政资金增信和让利作用，可以吸引更多社会资本投入环境保护、污染防治、资源能源节约利用、生态建设等绿色发展重点领域。利用市场化运作，有利于建立健全风险防控体系，加快推动优质生态环保项目落地实施，助力打赢打好污染防治攻坚战和美丽中国建设。

5.2.3 排污（收费）权质押贷款

5.2.3.1 做法与经验

近年来，我国部分地区积极探索排污权和收费权质押贷款，解决企业融资难和融资贵的问题。

（1）常山县首笔排污权质押贷款

2018 年 9 月 21 日，常山农商银行为浙江永合新材料科技有限公司发放了全县第一笔排污权质押贷款。企业可以无须担保，直接用排污许可证作为质押，且贷款利率比普通企业担保贷款至少低 30%。浙江永合新材料科技有限公司位于常山县生态工业园区，是一家专业生产有机颜料、医药中间体和硅片切割液的企业，年产值达 9 000 多万元。为了扩大生产，适应环保新形势，企业决定投资 800 万元新建一个污水处理池，从而带来资金短缺问题。为解决企业难题，在县环保局的大力支持下，常山农商银行经过调研，根据企业需求定制出了排污权质押贷款，在原来 800 万元贷款金额的基础上，接受其以排污许可证为质押，为其新增 78 万元的流动资金贷款。在常山农商银行服务辖区内，持有环境保护行政主管部门依法核发的排污许可证，已有偿取得排污权，且在工商行政管理部门依法登记并从事经营活动的符合相关条件的企业法人均可进行贷款申请。贷款期限最长为 2 年，且不超过排污许可证和常山县主要污染物排放权证的有效期限。

（2）泰州市首笔排污权质押贷款

2015 年泰州市宏远新型材料有限公司以排污权证为质押物，从兴业银行泰州分行获得一笔 20 万元的流动资金贷款。该笔贷款的发放意味着泰州市首笔纯排污权质押贷款成功落地。据悉，为推进泰州“生态名城”建设，泰州市于 2014 年 4 月 1 日正式实施《泰州市排污权有偿使用和交易暂行办法》，规定企业主要污染物排污权的取得一律实行有偿方式。企业节约下来的排污量，可由政府回购或转让其他企业。2014 年 7 月 3 日，泰州市排污权交易中心成立，正式启动排污权有偿使用和交易试点工作。为响应市政府文件精神，中国人民银行泰州支行会同市环保局联合印发《泰州市排污权质押贷款管理暂行办法》，该办法规定，排污权价值由第三方机构或环保局组织评估。排污权贷款一般以短期贷款为主，额度不高于排污权价值的 80%。上述文件的出台，盘活了企业“排污权”这一无形资产，规范了银行的排污权质押贷款业务，促进了首笔排污权质押贷款顺利发放。

（3）南平市首笔收费权质押贷款

2017 年邮政储蓄银行建瓯支行向福建省亨励水务科技有限公司成功发放了 640 万元的收费权质押贷款。这笔贷款以污水处理收费权为质押，不仅盘活了企业的无形资产，解决了企业融资难的问题，还助推了当地绿色生态建设的发展。这是南平市首笔以“污水处理收费权”为质押的绿色贷款，在邮政储蓄银行南平分行也属首次。福建省亨励水务科技有限公司是建瓯第一家建成投入运行的生活污水处理厂，该项目对改善建瓯城市环境、保护闽江水质、提高城市居民的生活质量具有重要意义。为扩大污水处理能力，公司拟加大固定资产投资，但因缺少抵押物和担保，企业一直为融资难而发愁。中国人民银行建瓯支行得知这一情况后，立即协调邮政储蓄银行与其对接，经过多次实地调研，根据企业特许经营模式特点，首次创新污水处理收费权质押贷款业务，在有关部门的大力支持下进行了质押登记备案，在较短时间内为企业发放了 10 年期限、金额 640 万元的收费权质押贷款。

5.2.3.2 认识与体会

排污权质押贷款是指以有偿取得的排污权作为质押向银行申请贷款，或向银行申请贷款专项用于购买排污权并以该排污权作质押的融资业务。收费权质押贷款是借款人以其拥有的某项收费权作为债务履行的担保，向银行申请贷款的一种担保方式。当债务人不能履行债务时，债权人有权依据合同约定，以转让该收费权所得价款或直接获取收费款项实现债权。排污权质押贷款和收费权质押贷款的推行，企业无须土地或厂房抵押，也无须提供第三方担保，减轻了企业的担保压力，为企业开辟了融资新渠道，在一定程度上解决了企业融资难、融资贵的问题，有利于促进企业更好地发展。

5.3 小结

排污收费、环保“三同时”、中央财政环保专项资金、“211”环境保护科目、节能减排授信、国家重点生态功能区转移支付、绿色信贷指引、环境污染第三方治理、生态环境 PPP、污水处理费征收、能效信贷指引、绿色债券发行指引、制定和调整污水处理收费标准、构建绿色金融体系、环境保护税、绿色发展价格机制，均是国家层面的主要环保投融资政策，其演变主要特征为：首先是以企业为主导的工业污染治理，其次是以政府为主导的环境基础设施建设，最后是建立形成包括政府、企业、金融机构、社会资本以及公众在内的多元化环保投融资机制。这与我国不同阶段环境保护重点任务的调整基本一致。

在地方层面，主要围绕环保贷、绿色发展基金、排污（收费）权质押贷款等方面进行积极实践。“环保贷”的抵质押率优于同期商业贷款，增强了环保项目和环保企业融资的可行性，降低了融资成本。绿色发展基金采取多元化投资方式，充分发挥财政资金引导作用和市场在资源配置中的决定性作用，采用股权投资等方式进一步吸引社会资本投入，推动建立多元共治的生态环境保护格局。排污（收费）权质押贷款，不需要土地等资产抵押和第三方担保，在一定程度上解决了排污企业和环保企业融资难、融资贵的问题。

6

环保投资问题、趋势与建议

6.1 存在的问题

6.1.1 环保投资增速与污染治理需求不匹配

当前，我国正面临工业污染、生活污染、农业面源污染、生态系统功能失衡等复合型环境问题，解决这些环境问题资金需求巨大。尽管近年来环保投资力度不断加大，投资结构逐渐优化，市场化改革不断深入，但现有环保投资规模对于污染治理保障仍具有较大缺口，难以满足打好污染防治攻坚战、生态文明建设以及美丽中国战略实施的资金需求。2002 年以后，全社会环保投资明显增加，占 GDP 比重从 2001 年的 1.0% 攀升至 2010 年的 1.63%。“十二五”期间，全社会环保投资合计 4.17 万亿元，较“十一五”期间增加 2.01 万亿元，但是占同期 GDP 的比例仅为 1.43%。尽管比“十一五”期间增加 0.04 个百分点，但仍低于国际上普遍认为实现环境好转的投资占比限值（1.5%），且在“十二五”期间呈下降趋势，2017 年占 GDP 的比例下降到 1.15%。

6.1.2 排污企业投资动力不足削弱治理效果

追求利润最大化是企业的根本目的，环保设施建设、运行成本较高，受环境监管体系薄弱、政策体系不健全、经济下行等因素影响，工业企业环境治理执行力较差，治污动力不足，部分企业仍未将治污工程建设和运行资金纳入生产全成本体系。随着《环境保护法》按日计罚、查封扣押、限制生产、停产整治、移送拘留等措施的实施，企业守法意识有所增强，但超标排放问题依然存在。近年来，中央环保督察曝光的企业超标排放、未安装环保设施、设备未正常运转等问题屡见不鲜。企业缺乏环保投资动力，环保投资总量不足，环境治理效果难以保障。

6.1.3 环保企业融资困境制约投资总量增长

我国绝大多数环保企业存在严重的融资难题。多数企业一般不具备上市资格，只能利用银行贷款和商业信用等融资方式。由于规模小、风险高、轻资产、抵质押不足、信用资质不高等问题难以达到授信条件，即便能够进行银行贷款，也常常付出高成本代价，不但要上浮贷款利率，还要向担保公司、贷款银行支付不菲的担保费、抵押资产评估费、财务顾问费、业务咨询费等额外费用。民营企业信贷产品更为匮乏，仍以短期流动资金贷款为主，不能完全匹配企业的生产经营和回款周期，短贷长用和频繁转贷现象比较普遍。

6.1.4 回报机制不健全降低社会资本积极性

环保领域大多为公益性领域，除污水、垃圾、危险废物、医疗废物等领域具有一定收费机制外，多数项目如农村环境治理、流域综合整治、黑臭水体治理等没有稳定的回报机制，以政府付费为主，给财政造成较大压力，极大地制约了社会资本和金融机构投入的积极性。农村污水垃圾处理普遍未建立收费机制，绝大多数污染治理设施建设和运行依赖政府付费。生态建设和环境保护领域 129 个（截至 2020 年 3 月 18 日）PPP 示范项目中，需要政府付费或政府补助的比例达 93%，纯政府付费项目约占 35%。另有部分地区由于财政预算不足，环保投资建设欠费严重，一些污水垃圾处理中小型企业应收账款占营业收入的 50%以上，造成企业财务压力较大。即使已建立收费机制的领域，大多也存在收费标准偏低的问题，甚至难以覆盖运营成本，加之部分地方财政实力弱，社会资本投资积极性不高。

6.1.5 环保投资管理制度尚不健全

一是全过程绩效评价体系不完善。“十二五”以来，中央财政环保投资已逐步开始向基于效果的绩效管理模式转变，提出将绩效评价结果与资金分配挂钩，优化财政资金分配方式，但从实施情况来看，绩效管理仍存在制度缺位、不规范、不健全的问题。主要体现在“绩效目标与审核—绩效监控—绩效评价—评价结果反馈与应用”全过程的绩效管理体系尚未建立，环保资金安排与绩效挂钩不紧密，项目绩效评价体系不健全，使用过程中重资金使用的合法性与合规性、轻资金使用的环境效益、基于绩效的投资机制等仍有待进一步完善和建立。

二是在有限支出财力下“撒胡椒面”效应降低投资效益。各级政府在环境治理方面投入了大量资金，为改善环境质量发挥了巨大作用，但不可否认的是，资金分配时层层下切，“撒胡椒面”“吃大锅饭”现象依然存在。中央和地方的发改、生态环境、住建、水利、农业等部门都涉及环保专项资金项目，且项目和资金计划一般由各部门确定，县级单位在具体实施时，缺乏综合统筹，致使单个项目投资额较小，难以形成资金合力。

三是环保资金未能集中用于解决突出环境问题。由于项目优选竞争机制不完善，项目储备、资金分配与环境保护重点任务衔接不足，项目储备情况与重点控制单元、重点区域、重点任务不能完全匹配。以2018年PPP入库项目为例，部分生态环境PPP项目停留于景观、绿化、灾害防御、市政道路、旅游娱乐等层次，项目本身与生态环境保护和打好污染防治攻坚战关系不大。部分财政资金分配时未结合各地实际确定支持重点，有限的财政支出能力未能统筹用于最需要的领域，资金使用效益大打折扣。

四是运行环节障碍导致减排效果可持续性不强。很多环保投资项目运行环节存在较多问题，可持续性较差，尤其是在城镇和农村环境污染治理、工业污染治理以及流域环境综合整治等方面，污染治理设施建设和运行效率低。由于前期未充分考虑有效的运营模式、技术路线及当地情况，部分污染治理设施建成后难以有效运行，只能“晒太阳”或低负荷运转。较为突出的是农村污水处理领域，目前农村污水处理设施不能正常运行甚至闲置的情况相当普遍。部分撤乡并镇后的污水处理设施日处理量与设计量严重缩水，造成实际发挥的环境效益有限。此外，由于监管与执法能力不足，一些企业虽安装了工业污染治理设施，但常年处于闲置状态，严重影响了污染减排效果。

五是环保投资项目储备与执行能力不足。前期策划和项目储备基础薄弱，项目实施进度缓慢。许多地方不重视资金申报前的策划，不是拿着项目申请资金，而是拿到钱后才开始组织项目，“等米下锅”问题突出。生态环境部门基础能力建设有待加强。相比水利、农林等部门，各级生态环境部门对项目的组织管理职能较弱。项目管理制度、标准不完善，技术支撑体系和骨干队伍没有完全建立起来，项目实施过程中的变更较为随意，缺乏相对统一的投资效益评价方法和标准。

6.2 环保投资趋势

6.2.1 环保投资将继续保持稳步增长趋势

我国环保投资规模呈现快速增长、持续增长、稳步增长的阶段性特征。“七五”“八五”“九五”时期投资规模快速增长，“十五”“十一五”时期投资规模持续增长，“十二五”和“十三五”前两年投资规模保持稳步增长趋势。当前政府环保投资占比超过一半（不考虑融资），各级政府财力水平对未来环保投资规模影响较大。在减税降费，经济发展面临诸多不确定性，类似新冠肺炎等突发事件频发、易发状况下，财政环境保护支出增长空间有限。随着生态文明建设、美丽中国建设、绿色发展、高质量发展等国家战略的深入实施，未来我国环保投资仍将保持稳步增长态势。

6.2.2 环境基础设施建设将成为财政环保支出重点领域

我国环境基础设施投资从 1991 年的 58.5 亿元增长到 2017 年的 6 085.8 亿元，占全社会环保投资比重由 1991 年的 34.4%提升到 2017 年的 63.8%，在全社会环保投资三大基本构成中增速最快。从财政环保支出来看，相对能源资源节约利用和生态保护两大领域，污染防治的环境基础设施建设将持续成为财政环保支出的重点领域。初步估算，我国仅“城镇生活污水收集处理全覆盖”一项，投资需求近 2 万亿元。为保障 2035 年基本实现美丽中国目标，我国需要在生活污水、生活垃圾、医疗废物及危险废物等处理处置的环境基础设施建设领域补齐短板、加大支出力度。

6.2.3 企业环保投入将从投资为主向运行为主转变

1991—2017 年，老工业企业污染治理投资和新、改、扩建工业企业污染治理分别累计投资 10 083.8 亿元、30 970.8 亿元。老工业企业污染治理投资由 1991 年的 67.1 亿元增长到 2017 年的 681.0 亿元，新、改、扩建工业企业污染治理投资由 1991 年的 44.5 亿元增长到 2017 年的 2 772.0 亿元。总体来看，工业企业污染治理投资快速增长。当前我国经济已由高速增长阶段转向高质量发展阶段，第三产业占比超出第二产业 10 余个百分点，建成的工业污染治理设施已具有相当规模。未来，企业环保投入总体上将从投资为主向运行为主转变。

6.2.4 应收尽收的缴费制度将拓展环保投资渠道

总体来看，我国生活污水及生活垃圾处置收费机制还不完善，生活污水收费规模相对较高。2018 年生活污水处理费收入 539.4 亿元，与生活污水收集处置实现全覆盖的资金需求差距巨大。从已经开展城镇生活污水收费的地区来看，收费标准并未将污泥处理费用计算在内。考虑污水处理和污泥处置设施运营成本并合理盈利，据粗略估算，收费标准需要提高到 1.4 元/t。目前仅有北京、上海、南京、广州等少数城市生活污水处理费达到该标准。如果将污水处理厂和管网建设成本分摊计入，则生活污水收费标准将大大提高。为了满足广大公众对良好生态环境质量的需求，在财政支出能力有限的情况下，唯一的办法就是由公众尽可能地承担“污染者付费”责任，向公众收费的政府性基金将成为环保投资的重要突破口。

6.2.5 环保投资管理将从重视产出向重视效果转变

根据中国城乡建设统计年鉴，截至 2017 年，我国城市地区已建成 2 209 座污水处理厂，污水处理能力达 1.57 亿 m^3/d，排水管道长度达 63 万 km，生活垃圾无害化处理厂 1 013 座，无害化处理能力达 68 万 t/d；县城地区已建成 1 572 座污水处理厂，污水处理能力达 3 218 万 m^3/d，排水管道长度达 18.98 万 km，生活垃圾无害化处理厂 1 300 座，无害化处理能力达 6 139.95 万 t/d。加强环保投资的最终目的是通过投资固定资产形式，促进蓝天、白云、绿水、净土等良好生态环境质量目标的实现。实物产出是手段而非目的，不能良好运行或者无运行的环境基础设施，没有实现预期减排效果或未产生减排效果的，均未达到环保投资管理的目的。随着建设生态文明和美丽中国战略深入实施，必然不断强化以环境质量改善为核心增强人民获得感，环保投资管理也将不断强化从重视产出向重视效果转变。

6.3 环保投资政策优化建议

补齐环境短板、实现环境质量改善目标，资金投入是保障。按照党中央、国务院关于加强生态文明建设和投融资体制改革的总体部署，着力推进供给侧结构性改革，充分发挥市场在资源配置中的决定性作用和更好地发挥政府作用，遵循“市场主导、政府调控，机制驱动、政策引领，需求牵引、工程带动，强化监管、规范有序”的原则，明确各类主体的环保投入责任，加大政府、企业环境治理投资力度，吸引社会资本投入，建立多元化投融资格局，实施“系统化”“精准化”“高效化”的环保投资政策，全面提升环保投资效率。

回报机制不健全是环保投资规模不足和效益不高的关键制约因素，

主要表现为：环保投资到位情况在政府政绩考核体系中未能体现或体现不够，排污企业在违法成本不高的情况下安装及有效运行环保设备的动力不足，公众“污染者付费”责任缺位或承担不够，金融机构慎重投资缺乏合适抵押品、风险大、收益低的环保项目，社会资本逐利特性难以进入公益性强、无投资回报的环保领域，这些表现是造成我国政府、企业、公众、金融机构以及社会资本环保投资总体不足的重要原因。为优化我国多元化环保投融资机制，需要激励、约束、引导各类主体、增强环保投入积极性。

6.3.1 将生态环境基础设施建设纳入新基建体系

中央和地方为实现稳就业、稳投资等“六稳”目标，推出新一轮基建投资计划，在补铁路、公路、机场等传统基础设施短板的同时，加快5G 网络、数据中心等新型基础设施建设进度。将生态环境基础设施建设纳入新基建体系，借势而为，促进新基建绿色化，可以更好地支撑美丽中国和生态文明建设步伐，更好地统筹经济高质量发展与高水平保护。

将生态环境基础设施建设纳入新基建体系，指导各地在项目实施中提高生态环境基础设施份额，从资金筹措、经济拉动力提升、项目储备等方面狠抓落实。

（1）增加生态环境基础设施投入在新基建大盘子中的占比

2018 年全国一般公共预算在主要基建工程方面的支出约为 2.09 万亿元。其中，城乡社区公共设施、保障性安居工程、交通设施、污染防治、水利工程支出占比分别为 49.1%、17.7%、12.0%、11.7%、9.5%。基于财政收入增速放缓以及新冠肺炎疫情的双重影响，财政对于基建大盘子投入增长空间有限。为实现生态文明和美丽中国建设目标，应强化基建投资向生态环境基础设施领域倾斜。对总体供给相对充足的交通、水利以及城乡社区公共设施，要控制建设速度，为供给严重滞后的生态环境基础设施预留更大的发展空间。5G、云计算大数据中心等数字基础设施应更多考虑以市场主体投入为主、政府投入为辅。国家应指导地方在发行一般债券和专项债券时，确保用于生活污水和固体废物治理等生态环境基础设施建设的投资占比分别不低于20%和10%。

（2）提升生态环境基础设施对经济增长的拉动作用

国家应引导地方在招商项目和PPP项目谋划时，将生态环境基础设施建设与开发项目捆绑实施，让生态基建项目产生的环境效益为开发项目赢得经济溢出效益，同时由开发项目支付生态基建项目成本，实现整体效益最大化。对于上述项目案例较多和实施较好的地区，在对地方政府政绩考核时直接设置加分项，并建议生态环境部直接将相关地区命名为“绿水青山就是金山银山”实践创新基地。优美的生态环境对吸引人才、做强文化旅游产业、促进地区不动产增值和房产交易等均发挥重要作用。建议加强关于生态环境基础设施建设对经济增长贡献率的研究工作，提高各级决策者对生态环境基础设施重要性的认识，自觉加大投入力度。

（3）加快推进生态环境基础设施项目储备工作

在经济增长乏力或者遇到类似新冠肺炎疫情等突发情况时，由于需求端难以快速引导激励，需要加大政府投资引导以促进经济增长和带动就业。“新基建热”反映了这种期待。短期内投资项目需求大，使得储备基础好的部门和领域，落地实施的项目和资金较多。为满足生态环境基础设施补短板的紧迫需求，建议生态环境部指导地方根据国家、区域生态环境保护规划，制订生态环境基础设施建设与投融资计划，以生活污水和固体废物处置为重点，明确近5年年度项目实施清单与资金筹措方案，提前做好近两年待实施项目的前期工作，预留前期准备费用，组织专家开展科学论证，按照《政府投资条例》以及其他相关要求又好又快地推进项目实施。

6.3.2 加大各级政府环保投资力度及优化投资模式

（1）中央财政要持续加大环保领域资金投入力度

增加中央财政对国家重点生态功能区、生态保护红线区等生态功能重要地区的转移支付，继续安排中央预算内投资对重点生态功能区给予支持。发挥中央环保专项资金定向投入和引导带动作用，大幅增加中央财政大气污染防治资金、水污染防治资金、土壤污染防治专项资金、农村环境整治资金、重点生态保护修复治理资金、城市管网及污水处理补助资金、海岛及海域保护资金等支持力度，引导地方财政加大配套比例，扩大稳定渠道的环保投资规模。

（2）地方政府要切实做到对本地区生态环境质量负责

地方主要负责人应牢固树立生态文明建设和绿色发展的理念，以生态环境质量真正改善为目标，尽心尽力全面拓宽各类资金渠道，自觉加大生态环境基础设施投资，优先解决全国性、区域性及地方性主要矛盾和突出问题，摒弃没有实质性效果的面子工程。有关领导干部提拔任用、政绩考核、自然资源资产离任审计、责任追究等制度体系，要与生态环境质量改善和环保工作成效紧密挂钩，要落实、落细、落地，要务求实效，防止表面化、形式化。

（3）地方政府要持续加大一般公共预算生态环境支出力度

受减税降费等多重因素影响，财政一般公共预算收入增长速度放缓。2018 年财政一般公共预算节能环保支出 6 475.4 亿元，占一般公共预算总支出（22.09 万亿元）的 2.93%。为实现生态文明和美丽中国建设目标，应强化财政一般公共预算大盘子向节能环保领域倾斜，相对于生态保护和资源能源节约利用，更应加大向污染防治细分领域的倾斜力度。

（4）完善应收尽收制度以扩大政府性基金环保投资规模

研究制定有利于增加污水处理费、垃圾处理费、船舶油污损害赔偿基金、废弃电器电子产品处理基金等收入制度。以生活污水处理收费为例，按照补偿污水处理和污泥处置设施运营成本并合理盈利的原则，尽快落实城市污水服务费标准，效仿长江经济带部分地市做法，对经济困难的家庭给予污水处理费一定比例减免，防止出现富人“搭便车”、政府兜底压力大的现象。具备污水集中处理条件的建制镇全面建立污水处理收费制度，并同步开征污水处理费。按照补偿成本并合理盈利的原则，在全国城市及建制镇全面建立生活垃圾处理收费制度。有条件的地区探索实行污水垃圾处理农户缴费制度，建立财政补贴与农户缴费合理分摊机制。对社会资本投入回报率低、风险大的环境保护项目，视投资回报率、项目周期等具体情况，建立社会资本投入回报补贴机制与风险补偿机制。

（5）引导地方债券向生态环境保护倾斜

参照棚户区改造、收费公路、土地储备等领域专项债券管理，研究出台地方政府环境保护债券管理办法。加大专项债券对污水垃圾处理等经营性生态环境保护项目的支持力度。对当前急需推进的城市黑臭水体治理、饮用水水源地保护、农村环境治理等公益性项目，在一般债券中予以倾斜支持。

（6）完善补贴等资金使用方式

2018 年财政补贴约 140 亿元，用于支持“2+26”城市、张家口以及汾渭平原地区煤改气、煤改电工作，有效促进了北方地区清洁取暖。未来一段时期应继续支持财力较弱的北方地区清洁取暖，扩大支持范围。创新生态环境保护领域财政资金使用方式，综合采用财政奖励、投资补助、政府付费等方式支持环境保护项目，推进财政资金由“买工程”向“买服务”“买效果”转变。

6.3.3 多种措施协同发力倒逼企业履行治污责任

地方政府要真正履行倒逼排污企业治污的主体责任，要研究制定符合地方实际的切实有效措施，建立责任清单，全力淘汰落后产能和打击“散乱污”企业。全面推行排污许可制，完善污染治理责任体系，生态环境部门对照排污许可证要求对企业排污行为实施监管执法，推动环境治理投入。按照环境影响评价制度要求，加大企业新建、扩建及改建项目“三同时”环境保护投资力度，促使企业不欠新账。积极发挥环境保护作用，促进供给侧结构性改革，贯彻落实《中华人民共和国环境保护法》，严格执法监管，促进环境成本内部化，通过制定和修订污染排放标准，大幅提高违法成本，确保企业履行污染治理责任。建立企业环境信用评价和违法排污黑名单制度，企业环境违法信息将记入社会诚信档案，向社会公开。建立上市公司环保信息强制性披露机制，对未尽披露义务的上市公司依法予以处罚。支持符合条件的企业积极公开发行企业债、中期票据和上市融资，拓宽企业融资渠道。制定环保“领跑者”重点行业和领域实施路线图，建立“领跑者”产业名单，加大政策支持力度，推动形成绿色发展方式和生活方式。

6.3.4 优化风险分配机制，加快完善绿色金融体系

（1）优化完善绿色金融动力机制

从监督管理、财税激励、社会责任、信息传导四个方面入手，扫清绿色金融发展道路上的主要障碍。近期要重点围绕监督管理机制和财税激励机制，严格执行《中华人民共和国环境保护法》，推动绿色金融立

法，明确贷款人法律责任；在化工、冶金、火电、焦化、造纸、印染以及有重金属污染物排放的企业强制推行环境污染责任保险；对新能源等重要节能环保产业实施价格补贴；健全财政对绿色贷款的贴息机制，加大贴息力度；开征碳税，提高煤炭等资源税税率，纠正间接税税负在行业间的扭曲现象。从远期来看，应重视社会责任机制和信息传导机制，构建绿色机构投资者网络，督促被投资企业承担社会责任；改变消费者偏好，促使其增加绿色产品需求；引导证监会和证券交易所建立强制性上市公司环保信息披露机制，激励资本市场将更多资金向绿色产业配置；建立生态环境部门与金融监管部门之间有效的信息沟通机制；加强政府部门之间的合作，建立面对公众的有效的企业环境信息发布平台。

（2）积极探索生态环境“环保贷”制度

借鉴江苏和安徽两省推行的“环保贷”做法，建立财政和金融机构风险共担机制以增强金融机构环保投资的积极性。以财政资金为引导，吸引金融机构和社会资本设立生态环保项目风险补偿资金池，为环保领域开展污染防治、生态保护修复、环保基础设施建设及环保产业发展等项目进行贷款增信和贷款风险补偿，根据项目单位环保信用评价等级、贷款规模实行差别化风险分担机制和贷款利率优惠，重点支持纳入中央环保投资储备库内的项目，加快环境保护项目落地实施。

（3）鼓励地方政府研究建立绿色发展基金

对于存在一定风险的环保项目，可由政府出资吸引社会资本建立政府引导型基金，政府投资发挥增信作用。鼓励地方政府创新环保投资安排方式，建立环保产业投资基金或绿色发展基金，采用财政资金引导、社会资本投入为主的市场运作方式，重点支持PPP项目、环境污染第三方治理项目，采取低息贷款、股权投资等投入方式，充分调动地方和市场活力。

（4）推进金融产品和服务创新

鼓励开发贷款周期长、融资成本低的金融产品，鼓励金融机构为相关项目提高授信额度、增进信用等级。支持开展排污权、收费权、购买服务协议质押等担保贷款业务，探索利用污水垃圾处理等项目的预期收益进行质押贷款业务。积极鼓励政府、金融机构、担保公司等设立联合担保基金，为污染治理项目、环保企业发展提供融资担保服务。鼓励银行与担保公司提供政策性拨款预担保服务。探索土壤、地下水修复等生态环境保护领域采用租赁方式进行融资。

6.3.5 鼓励环保投融资模式创新以引导社会资金投入

（1）引导 PPP 项目向生态环境领域倾斜

采取多种方式支持生态环境领域政府和社会资本合作（PPP）项目。在满足财政承受能力论证要求的前提下，各地不以政府付费为生态环境 PPP 项目的入库限制条件。在各地剩余的政府财政承受能力范围内，PPP 项目优先向生态环境保护项目倾斜。严格地方政府规范 PPP 项目的履约行为，增强社会资本和金融机构生态环境保护投入的信心。制定环境保护领域政府和社会资本合作实施意见，推进环境保护领域政府和社会资本合作模式，在城乡生活污水处理厂及管网建设、城乡生活垃圾处置、城市环境综合整治、水质较好湖泊保护、饮用水水源地保护、污染场地修复与生态建设、环境监测、北方地区冬季清洁取暖等环境保护基本公共服务领域引入社会资本，采取单个项目、组合项目、连片开发等多种形式，提高环境公共产品供给质量与效率。

（2）促进环境污染第三方治理模式广泛实施

加大“散乱污”企业整治力度，提升环境监管能力，提高监管信息化和智能化水平，加大违法排污惩治力度，扩大环境污染第三方治理市场有效需求。明确排污企业和第三方企业责任，规范第三方治理市场。在工业园区污染治理工业污染治理领域大力推进环境污染第三方治理。加大财政资金向第三方治理项目倾斜，支持和引导环保投融资机制创新，鼓励社会资本投入。

（3）支持探索性开展以生态为导向的发展模式

通过项目“打包”“肥瘦搭配”等方式，通过商业性、开发性资源配套，推进城市黑臭水体治理、河道整治、土地修复、湿地建设、良好湖泊保护等生态环境治理项目与土地开发、生态旅游、生态农业、休闲娱乐、特色小镇、林下经济等相关产业深度融合，释放和提升资源品质，以经营性收益反哺生态环保公益性投入。在不同领域打造标杆示范项目，实现生态环境保护外部经济性（周边资源溢价增值）内部化。

6.3.6 完善基于绩效的环保投资及环保项目付费机制

（1）优化基于绩效的环保投资机制

按照《中共中央 国务院关于全面实施预算绩效管理的意见》，全面建立大气污染防治、土壤污染防治、农村环境整治、重点生态保护修复治理等专项资金绩效评价制度，对财政专项资金支持的项目开展常态化绩效评价。建立基于绩效的专项资金分配机制与奖惩机制，在大气、水、土壤、农村环境整治等专项资金分配中，建立竞争立项与因素分配相结合的资金分配方式，将项目实施成效与地方资金安排、项目投资补助额度、竞争立项等挂钩，建立联动机制，对超额完成治理目标的给予奖励，未完成目标的扣回财政资金或削减以后年度预算。

（2）强化环保 PPP 项目依效付费机制

制定环境保护领域政府和社会资本合作依效付费管理办法，推进建立环保 PPP 项目依效付费机制。加大对运营维护效果的绩效考核，将环境保护项目绩效评价结果与政府全部付费（可用性付费与运营绩效付费）相挂钩，实行优质优价。建立生态环境部门与财政、发展改革等部门的联审机制，在环保 PPP 项目实施方案与物有所值评估审查等环节强化生态环境部门的参与。向社会公开污染治理绩效结果、服务费用支付情况等，接受公众监督，建立公平、公开、透明的市场环境，提高供给方服务质量与效率。

（3）加强环境治理项目储备库建设

结合落实国家重大环境保护规划确定的重大环境治理项目，推动地方提前谋划大气、水、土壤、农村环保、生态保护等领域的项目，做好顶层设计，建立完善中央和地方各级项目储备库，夯实项目实施基础。建立项目储备约束机制，做到“无储备无资金、多储备多得补助资金”，倒逼地方提前做好项目储备。组织科研院所加强对地方生态环境部门的专业技术指导与培训，提高地方项目管理能力，提高项目申报与实施质量。

附　录

附录 1

财政支持打好污染防治攻坚战　加快推进生态文明建设的意见（2019—2020 年）

（财生态组〔2019〕1 号）

为深入贯彻党的十九大、中央财经委第一次会议、全国生态环境保护大会精神，以及《中共中央　国务院关于全面加强生态环境保护　坚决打好污染防治攻坚战的意见》有关工作部署，现就财政支持打好污染防治攻坚战提出以下意见。

一、准确把握打好污染防治攻坚战的总体要求

（一）坚持以习近平生态文明思想为指导

习近平生态文明思想内涵丰富，境界高远，继承和发展了马克思主义关于人与自然辩证统一的思想，是我们党的重大理论和实践创新成果，是新时代推动生态文明建设的根本遵循。打好污染防治攻坚战是当前生态文明建设的重点工作，各级财政部门要组织深入持续学习贯彻习近平生态文明思想，深刻领会习近平生态文明思想所蕴含的马克思主义立场观点方法，要系统学习、深刻把

握，做到学思用贯通、知信行统一，增强生态环境保护的思想自觉和行动自觉，以习近平生态文明思想武装头脑、指导实践，不断增强“四个意识”，紧密围绕统筹推进“五位一体”总体布局和协调推进“四个全面”战略布局，牢固树立和贯彻落实新发展理念，坚持生态兴则文明兴，坚持人与自然和谐共生、坚持绿水青山就是金山银山、坚持良好生态环境是最普惠的民生福祉、坚持山水林田湖草是生命共同体、坚持用最严格制度最严密法治保护生态环境、坚持建设美丽中国全民行动、坚持共谋全球生态文明建设，推动污染防治攻坚战不断取得新的成效，把生态文明建设重大部署和重要任务落到实处。

（二）切实扛起打好污染防治攻坚战的政治责任

各级财政部门要切实增强打好污染防治攻坚战的责任感、使命感，坚决把思想和行动统一到党中央的决策部署上来，坚决把生态文明建设摆在全局工作的突出地位抓紧抓实抓好。要主动担当作为，不折不扣落实好党中央、国务院关于污染防治攻坚战的各项决策部署，不断增强政治自觉，切实履行好财政支持污染防治攻坚政治责任。要坚持从本地区污染防治形势实际出发，清醒认识到污染防治攻坚战的长期性、艰巨性，把握好污染防攻坚战和久久为功的关系，确保投入力度与污染防治攻坚任务相匹配。要守土负责、守土尽责，形成职责清晰、任务明确、环环相扣的责任链条和上下联动、齐抓共管的工作格局。

（三）加快形成支持打好污染防治攻坚战的政策支撑体系

坚持环境保护治理与经济发展不相适应，同时通过调整经济结构和经济发展方式来实现生态环保目标，坚持在发展中保护、在保护中发展。扎实推动财政体制改革，加快完善有利于环境保护和资源节约的财政政策体系，落实相关税收优惠政策，加强财税政策与产业政策、金融政策等协同配合。合理界定中央与地方财政事权和支出责任，建立激励相容的制度体系，在地方履责到位基础上，适当增加中央支出责任。逐步理顺政府、企业、居民合理负担机制，强化企业和居民生态环境保护的主体责任，实现环境治理成本内部化。既要集中财政政策资源，支持几场标志性重大战役取得实效，又要着眼长远，积极推动防风险、建机制、调结构、提绩效等工作。

二、切实加强污染防治攻坚战财政保障

（四）健全与污染防治攻坚任务相匹配的投入保障机制

认真贯彻落实习近平总书记“生态环境该花的钱必须花，该投的钱绝不能省。要坚持资金投入同污染防治攻坚任务相匹配”重要指示精神，将污染防治攻坚作为财政投入重点保障和优先支持领域。不断增加生环境保护修复、生态补偿等与污染防治紧密相关的财政支出，预算安排既要向污染防治攻坚战任务重、治理污染成效突出地区倾斜，又要对国家生态文明试验区等生态环境质量优良地区给予激励支持。紧紧围绕既定的污染防治攻坚战目标，科学测算资金需求，建立健全有效保障机制，提高环境治理水平，不断增强人民群众的获得感。加大环境监测、监察、执法检查等资金支持，推动相关企业和单位落实生态保护和环境治理的责任。

（五）全面系统梳理财政支持污染防治领域资金

摸清支持污染防治攻坚战的资金“家底”，掌握资金存量规模和结构，有利于管好用好财政资金，做好污染防治坚战投入保障，提高财政资金使用效益。中央财政支持污染防治攻坚战的投入，主要包括支持大气、水、土壤污染防治，重点生态保护修复，海岛和海城保护，大规模国土绿化行动在内的林业改革发展和林业生态保护恢复等方面；同时，对地方开展农村环境整治、城市黑臭水体治理和污水处理提质增效等引导支持。地方各级财政应结合本地区实际情况，

做好资金梳理统计，明确统计范围和口径，建立资金管理台账，确保全面准确完整，定期监测资金分配使用情况，切实提高财政资金管理水平。

（六）突出财政投入重点，支持打好几场标志性战役

财政资金安排要紧紧围绕打好污染防治攻坚战的各项部署，集中资金突出重点，围绕攻坚战的关键环节，提高政策精准性。在蓝天保卫战方面，将京津冀及周边、长三角、汾渭平原等重点区域作为主战场，逐步扩大北方地区清洁取暖试点范围，宜电则电、宜气则气、宜煤则煤、宜热则热，全面覆盖重点区城的城市。在碧水保卫战方面，将京津冀、长江经济带、珠三角等重点区城作为重点，强化对水源地保护、城市黑臭水体治理、渤海综合治理、农业农村污染治理等攻坚战的支持，加大对重点区域、流域消灭劣Ⅴ类水体治理、入河（海）排污口排查整治等的资金保障。深入实施长江经济带生态保护修复奖励政策，加快推动形成长江大保护格局。在净土保卫战方面，支持尽快全面完成土壤污染详查任务，完善土壤环境质量监测网络，强化土壤污染风险管控措施，解决历史遗留涉重金属和危险废物污染问题，深入推动土壤污染防治先行区建设，及时总结土壤污染综合防治有效路径。深入实施农村环境整治“以奖促治”政策，加快推动农村污水、垃圾治理，加强各项工作紧密衔接，确保环保设施长效运行，提升治理效率。增强科技支撑，支持开展污染防治重点领域科技攻关。探索深入实施山水林田湖草生态保护修复治理，开展历史遗留废弃工矿土地整治。积极探索有效支持城乡垃圾分类处理的政策措施。

（七）充分发挥财税政策的激励约束作用

结合“放管服”和减税降费，加大对节能环保产业的政策支持力度。落实环境保护、节能节水、资源综合利用、污染防治第三方企业等有利于绿色发展的税收优惠政策。启动环境保护和节能节水项目、资源综合利用企业所得税优

惠目录修订工作。研究将挥发性有机物纳入环境保护税征收范围。各地财政部门要认真落实污水处理收费政策，配合相关部门按规定尽快将污水处理费征收标准调整到位，原则上应覆盖污水处理设施正常运营和污泥处理处置成本并合理盈利。征收的污水处理费不能保障排水与污水处理设施正常运营的，地方财政应给予补贴。加大政府绿色采购力度，丰富绿色采购政策内涵，完善政策执行机制和配套措施。

三、加快形成有力支持污染防治的长效机制

（八）积极推动中央与地方财政事权和支出责任划分改革

落实党的十九大关于建立权责清晰、财力协调、区域均衡的中央和地方财政关系的要求，加快推进生态环境、自然资源等领域中央与地方财政事权和支出责任划分改革。以全国性或跨区域的生态环境、自然资源事务为重点，适度加强中央财政事权和支出责任。地方各级财政部门应早谋划、早准备，抓紧启动省与市县的生态环境、自然资源等领域财政事权和支出责任划分改革工作，明确时间节点，细化工作任务安排，为打好污染防治攻坚战提供有力支撑。

（九）加快建立健全生态补偿机制

坚持绿水青山就是金山银山的重要发展理念，不断探索有效转化路径。认真落实《国务院办公厅关于健全生态保护补偿机制的意见》有关要求，研究建立生态服务价值核算和补偿标准体系，突出重点生态功能区转移支付功能定位，合理确定补偿标准，强化生态环境监测评价与考核，确保地方将资金用于生态环境保护和改善民生，以更好提供良好的生态产品。拓宽横向生态补偿机制覆盖范围，鼓励地方探索多元化补偿方式，深入实施流域上下游生态补偿机制建设，积极探索大气、森林、草原、湿地等生态要素综合补偿试点。发挥市场机

制作用，加快推进资源环境权益交易市场建设，推广碳排放权、排污权、水权交易等市场化补偿形式。落实生态环境损害赔偿改革工作，出台生态环境损害赔偿资金管理办法。

（十）引导建立市场化多元化污染防治投入机制

设立国家绿色发展基金，吸引社会资本投资，首期主要投向长江经济带沿线省份，促进绿色产业发展。支持地方发行一般债券用于打好污染防治攻战，研究引导安排一定规模专项债券用于可实现项目收益与融资自求平衡的污染防治、大规模国土绿化行动和国土空间整治项目。完善相关政策措施，采取多种方式支持生态环境领域政府和社会资本合作（PPP）项目，规范地方政府对PPP 项目履约行为，增强社会资本和金融机构生态环境保护投入信心。鼓励生态环境治理项目与生态旅游、生态农业、特色小镇、林下经济等相关产业深度融合，降低生态环境治理项目对政府付费的依赖性。完善资源环境价格机制，将生态环境成本纳入经济运行成本。扩大环境责任保险覆盖面，推动绿色金融创新发展。落实相关法律规定，抓紧推动建立省级土壤污染防治基金制度，加快出台重点危险废物集中处置设施、场所的退役费提取和管理办法，核设施退役费用和放射性废物处置费用提取和管理办法。

四、全面加强污染防治领域预算资金绩效管理

（十一）建立健全污染防治资金绩效事前评估机制

以生态环境质量改善结果为导向，加快推动全面预算绩效管理在污染防治领域全覆盖。要结合预算评审、项目审批等，对新出台重大政策、新上项目开展事前绩效评估，重点论证立项必要性、投入经济性、绩效目标合理性、实施方案可行性、筹资合规性等，评估结果作为申请预算的必备要件。加强新增重

大政策和项目预算审核，必要时可以组织第三方机构独立开展绩效评估，审核和评估结果作为预算安排的重要参考依据。

（十二）不断强化生态环境质量改善绩效目标管理

各地区编制污染防治相关预算时要贯彻落实党中央、国务院决策部署，分解细化各项工作要求，结合本地区本部门实际情况，合理确定绩效目标。绩效目标不仅要包括产出、成本，还要包括经济效益、社会效益、生态效益、可持续影响和服务对象满意度等绩效指标，对生态环境质量改善方面的绩效指标设置，要确保细化量化。各级财政部门要将绩效目标设置作为预算安排的前置条件，加强绩效目标审核，将绩效目标与预算同步批复下达。

（十三）扎实做好政策实施绩效运行监控

以绩效评价为抓手，聚焦重点区域、流域，以及标志性战役，督促各地切实管好用好财政资金。对生态环境保护治理目标实现程度和预算执行进度应实行“双监控”，发现问题要及时纠正，确保绩效目标如期保质保量实现。各级财政部门建立污染防治重大政策、项目绩效跟踪机制，对存在严重问题的政策、项目要暂缓或停止预算拨款，督促及时整改。

（十四）加强预算资金绩效评价和日常监管

督促相关部门和下级财政部门对预算执行情况以及政策、项目实施效果开展绩效自评，及时报送自评报告。各级财政部门建立重大政策、项目预算绩效评价机制，选择污染防治攻坚战关键环节和重点领域的政策和项目进行重点评价，必要时引入第三方机构参与绩效评价。健全绩效评价结果反馈制度和绩效问题整改责任制。充分发挥财政部各地监管局的职能作用，有效开展财政预算管理监督工作，及时提出改进措施并跟踪落实。强化内部控制，以重要风险点为导向，积极采取应对措施，建立事前防范、事中控制、事后监督和纠正的动态机制。

（十五）硬化预算约束，强化绩效评价结果应用

各级财政部门要“当好铁公鸡打好铁算盘，该花的钱要花在刀刃上，不该花的一分不花”，按照“花钱必问效，无效必问责”的要求，建立污染防治资金绩效评价结果与预算安排和政策调整挂钩机制。对绩效好的政策和项目优先保障，对绩效一般的政策和项目要督促改进，对交叉重复、碎片化的政策和项目予以调整，对低效无效资金一律削减或取消，对长期沉淀的资金一律收回。

五、强化财政支持污染防治攻坚战保障措施

（十六）全面加强组织领导

坚持党对财政工作的领导，各级财政部门要切实提高政治站位，以习近平生态文明思想为统领，坚决担负起财政支持生态文明建设的政治责任。省级财政部门要健全工作机制，制定实施方案，细化支持措施，明确责任分工，层层压实责任，加强对市县财政部门的督促、检查和指导。市县财政部门要强化抓落实的工作力度，切实加强环保资金使用管理，提高资金使用效益。

（十七）切实强化部门协调配合

建立健全财政部门上下联动、财政与其他承担生态环境保护职责部门横向互动的工作协同推进机制，充分发挥各方面工作积极性，形成工作合力。对财政部门牵头的事项，应会同有关部门建立常态化联系机制，及时开展沟通衔接，明确任务分工和时间节点，充分调动各个职能部门的积极性，确保按时保质完成工作。对配合其他部门开展的事项，认真落实既定工作任务，主动出谋划策，

强化资金、政策保障，坚决避免推诿扯皮。

（十八）持续开展作风建设

各级财政部门要切实按照“守初心、担使命，找差距、抓落实”的要求，抓改革、增投入、建机制，将支持污染防治攻坚战作为一项政治任务抓好落实。坚持从严管理相关资金，严肃查处违规违纪违法问题，始终保持资金监管高压态势。对巡视、督察、审计等发现的问题，建立整改挂账销号制度，并务求工作实效，举一反三，力戒形式主义。各级财政部门要深入开展调查研究，全面了解地方实情，深入分析问题原因，认真听取其他相关部门意见建议，不断完善财税政策措施，共同推动打好污染防治攻坚战，加快实现美丽中国建设目标。

附录 2

中华人民共和国资源税法

（2019 年 8 月 26 日第十三届全国人民代表大会常务委员会第十二次会议通过）

第一条 在中华人民共和国领域和中华人民共和国管辖的其他海域开发应税资源的单位和个人，为资源税的纳税人，应当依照本法规定缴纳资源税。

应税资源的具体范围，由本法所附《资源税税目税率表》（以下称《税目税率表》）确定。

第二条 资源税的税目、税率，依照《税目税率表》执行。

《税目税率表》中规定实行幅度税率的，其具体适用税率由省、自治区、直辖市人民政府统筹考虑该应税资源的品位、开采条件以及对生态环境的影响等情况，在《税目税率表》规定的税率幅度内提出，报同级人民代表大会常务委员会决定，并报全国人民代表大会常务委员会和国务院备案。《税目税率表》中规定征税对象为原矿或者选矿的，应当分别确定具体适用税率。

第三条 资源税按照《税目税率表》实行从价计征或者从量计征。

《税目税率表》中规定可以选择实行从价计征或者从量计征的，具体计征方式由省、自治区、直辖市人民政府提出，报同级人民代表大会常务委员会决定，并报全国人民代表大会常务委员会和国务院备案。

实行从价计征的，应纳税额按照应税资源产品（以下称应税产品）的销售额乘以具体适用税率计算。实行从量计征的，应纳税额按照应税产品的销售数量乘以具体适用税率计算。

应税产品为矿产品的，包括原矿和选矿产品。

第四条 纳税人开采或者生产不同税目应税产品的，应当分别核算不同税目应税产品的销售额或者销售数量；未分别核算或者不能准确提供不同税目应税产品的销售额或者销售数量的，从高适用税率。

第五条 纳税人开采或者生产应税产品自用的，应当依照本法规定缴纳资源税；但是，自用于连续生产应税产品的，不缴纳资源税。

第六条 有下列情形之一的，免征资源税：

（一）开采原油以及在油田范围内运输原油过程中用于加热的原油、天然气；

（二）煤炭开采企业因安全生产需要抽采的煤成（层）气。

有下列情形之一的，减征资源税：

（一）从低丰度油气田开采的原油、天然气，减征百分之二十资源税；

（二）高含硫天然气、三次采油和从深水油气田开采的原油、天然气，减征百分之三十资源税；

（三）稠油、高凝油减征百分之四十资源税；

（四）从衰竭期矿山开采的矿产品，减征百分之三十资源税。

根据国民经济和社会发展需要，国务院对有利于促进资源节约集约利用、保护环境等情形可以规定免征或者减征资源税，报全国人民代表大会常务委员会备案。

第七条 有下列情形之一的，省、自治区、直辖市可以决定免征或者减征资源税：

（一）纳税人开采或者生产应税产品过程中，因意外事故或者自然灾害等原因遭受重大损失；

（二）纳税人开采共伴生矿、低品位矿、尾矿。

前款规定的免征或者减征资源税的具体办法，由省、自治区、直辖市人民政府提出，报同级人民代表大会常务委员会决定，并报全国人民代表大会常务委员会和国务院备案。

第八条 纳税人的免税、减税项目，应当单独核算销售额或者销售数量；未单独核算或者不能准确提供销售额或者销售数量的，不予免税或者减税。

第九条 资源税由税务机关依照本法和《中华人民共和国税收征收管理法》的规定征收管理。

税务机关与自然资源等相关部门应当建立工作配合机制，加强资源税征收管理。

第十条 纳税人销售应税产品，纳税义务发生时间为收讫销售款或者取得索取销售款凭据的当日；自用应税产品的，纳税义务发生时间为移送应税产品的当日。

第十一条 纳税人应当向应税产品开采地或者生产地的税务机关申报缴纳资源税。

第十二条 资源税按月或者按季申报缴纳；不能按固定期限计算缴纳的，可以按次申报缴纳。

纳税人按月或者按季申报缴纳的，应当自月度或者季度终了之日起十五日内，向税务机关办理纳税申报并缴纳税款；按次申报缴纳的，应当自纳税义务发生之日起十五日内，向税务机关办理纳税申报并缴纳税款。

第十三条 纳税人、税务机关及其工作人员违反本法规定的，依照《中华人民共和国税收征收管理法》和有关法律法规的规定追究法律责任。

第十四条 国务院根据国民经济和社会发展需要，依照本法的原则，对取用地表水或者地下水的单位和个人试点征收水资源税。征收水资源税的，停止征收水资源费。

水资源税根据当地水资源状况、取用水类型和经济发展等情况实行差别税率。

水资源税试点实施办法由国务院规定，报全国人民代表大会常务委员会备案。

国务院自本法施行之日起五年内，就征收水资源税试点情况向全国人民代表大会常务委员会报告，并及时提出修改法律的建议。

第十五条 中外合作开采陆上、海上石油资源的企业依法缴纳资源税。

2011 年 11 月 1 日前已依法订立中外合作开采陆上、海上石油资源合同的，在该合同有效期内，继续依照国家有关规定缴纳矿区使用费，不缴纳资源税；合同期满后，依法缴纳资源税。

第十六条 本法下列用语的含义是：

（一）低丰度油气田，包括陆上低丰度油田、陆上低丰度气田、海上低丰度油田、海上低丰度气田。陆上低丰度油田是指每平方公里原油可开采储量丰度低于二十五万立方米的油田；陆上低丰度气田是指每平方公里天然气可开采储量丰度低于二亿五千万立方米的气田；海上低丰度油田是指每平方公里原油可开采储量丰度低于六十万立方米的油田；海上低丰度气田是指每平方公里天然气可开采储量丰度低于六亿立方米的气田。

（二）高含硫天然气，是指硫化氢含量在每立方米三十克以上的天然气。

（三）三次采油，是指二次采油后继续以聚合物驱、复合驱、泡沫驱、气水交替驱、二氧化碳驱、微生物驱等方式进行采油。

（四）深水油气田，是指水深超过三百米的油气田。

（五）稠油，是指地层原油黏度大于或等于每秒五十毫帕或原油密度大于或等于每立方厘米零点九二克的原油。

（六）高凝油，是指凝固点高于四十摄氏度的原油。

（七）衰竭期矿山，是指设计开采年限超过十五年，且剩余可开采储量下降到原设计可开采储量的百分之二十以下或者剩余开采年限不超过五年的矿山。衰竭期矿山以开采企业下属的单个矿山为单位确定。

第十七条 本法自2020年9月1日起施行。1993年12月25日国务院发布的《中华人民共和国资源税暂行条例》同时废止。

附（略）

附录3

城市管网及污水处理补助资金管理办法

（财建〔2019〕288号）

第一条 为了规范和加强城市管网及污水处理补助资金管理，提高财政资金使用效益，根据《中华人民共和国预算法》《中共中央 国务院关于全面实施预算绩效管理的意见》《国务院关于加强城市基础设施建设的意见》等相关法律法规和财政规章制度制定本办法。

第二条 本办法所称城市管网及污水处理补助资金（以下简称补助资金），

是指中央财政安排支持城市管网建设、城市地下空间集约利用、城市污水处理设施建设、城市排水防涝及水生态修复的转移支付资金。

第三条 补助资金实行专款专用，专项管理。

第四条 补助资金由财政部会同住房城乡建设部负责管理。

财政部负责制定补助资金支出的标准和分配要素，根据住房城乡建设部报送的资金安排建议，确定补助资金年度规模和分配方案，并拨付资金，组织开展预算绩效管理工作，指导地方加强资金管理等。

住房城乡建设部负责制定有关规划或实施方案，提出资金安排建议，指导督促地方做好相关实施工作等。

第五条 地方财政部门主要负责筹集并落实地方支持资金，将预算和绩效目标分解下达，做好全过程预算绩效管理，切实提高财政资金使用效益。

地方住房城乡建设部门负责实施方案编制论证并组织项目实施，按规定使用补助资金等，加强预算绩效管理等。

第六条 补助资金用于支持以下事项：

（一）海绵城市建设试点；

（二）地下综合管廊建设试点；

（三）城市黑臭水体治理示范；

（四）中西部地区城镇污水处理提质增效。

第七条 补助资金整体实施期限不超过 5 年，各支持事项根据党中央国务院有关部署要求，相应确定实施期限。

海绵城市建设及地下综合管廊建设试点每批次实施期限 3 年，到 2018 年底全部到期结束，2019 年、2020 年开展政策收尾有关工作；

城市黑臭水体治理示范 2018 年起分批启动，2020 年底全部到期结束；

中西部地区城镇污水处理提质增效 2018 年启动，2021 年底到期结束；

财政部每年编制年度预算前，会同住房城乡建设部对补助资金支持项目合规性、有效性进行评估评价。根据评估结果区分不同情形，按照预算管理相关规定，作出取消、调整、整合、继续执行等处理。

第八条 补助资金根据不同支持事项采取不同方式进行分配。

海绵城市、地下综合管廊建设试点，按照既定补贴标准对试点城市给予定额补助（海绵城市试点：直辖市 6 亿元/年、省会城市 5 亿元/年、其他城市 4 亿元/年；地下综合管廊试点：直辖市 5 亿元/年、省会城市 4 亿元/年、其他城市 3 亿元/年）。试点期满后，根据绩效评价结果，对每批次综合评价排名靠前及应用 PPP 模式效果突出的，按照定额补助总额的 10%给予奖励。

黑臭水体治理示范通过竞争性评审等方式确定示范城市。财政部会同住房城乡建设部等部门共同印发申报通知，通过组织专家资料审核、现场公开评审，确定年度入围城市。中央财政对入围城市给予定额补助，根据入围批次，补助标准分别为 6 亿元、4 亿元、3 亿元。

中西部城镇污水处理提质增效根据住房城乡建设部组织中西部省份上报确定的 3 年建设任务投资额，按因素法分配资金，并按照相同投资额中西部 0.7∶1 的比例，对西部地区给予倾斜。某省份年度获取资金额度=年度资金总额×某省 3 年建设任务总投资额×中西部调节系数/Σ（中西部省份 3 年建设任务总投资额×中西部调节系数）。

第九条 财政部根据党中央国务院有关部署，商住房城乡建设部等部门，确定年度重点支持领域及资金额度，并在全国人民代表大会批准预算后 90 日内将补助资金预算下达省级财政。预算下达文件需同时抄送财政部当地监管局。补助资金分配结果在预算下达文件形成后 20 日内向社会公开。

第十条 省级财政部门在收到补助资金预算后，应当在 30 日内正式分解下达本级有关部门和本行政区域县级以上各级政府财政部门，按规定将资金分配结果向社会公开，将资金分配结果报财政部备案并抄送财政部当地监管局。

第十一条 补助资金的支付应当按照国家有关财政管理制度的规定执行。

属于政府采购管理范围的，应当按照国家有关政府采购的规定执行。属于引入社会资本管理范围的，应当按照国家有关政府和社会资本合作的规定执行。

第十二条 补助资金用于与支持事项直接相关的工程项目建设，严禁用于修建楼堂馆所、行政事业单位基本支出、购置交通工具和通讯设备及其他与支持事项非直接相关的支出。

第十三条 各级财政部门会同住房城乡建设等相关部门按照全面实施预算绩效管理的要求，科学合理确定绩效目标，实施全过程预算绩效管理，切实提高财政资金使用效益。财政部会同住房城乡建设部等相关部门依据财政专项资金绩效管理有关规定，组织实施对地方的绩效评价，绩效评价结果作为预算安排、政策调整和改进管理的依据。

第十四条 各级财政、住房城乡建设等相关部门按照职责分工，对下一级政府城市管网及污水处理补助资金使用及相关工作组织实施情况进行监督管理。

第十五条 补助资金审批管理各环节相关人员存在以下违法违纪行为的，按照《预算法》《公务员法》《监察法》《财政违法行为处罚处分条例》等国家有关规定追究相应责任；涉嫌犯罪的，移送司法机关处理：

（一）违反竞争性程序等相关规定，干扰公平公开公正确定支持对象的；

（二）分配资金超出实施方案范围及标准的；

（三）未按规定程序申请、拨付、管理专项资金的；

（四）未按相关要求开展督促落实工作，或未按规定组织开展绩效评价工作的；

（五）其他滥用职权、玩忽职守、徇私舞弊等违法违纪行为的。

第十六条 各级财政部门要按照《中华人民共和国政府信息公开条例》及有关文件要求，及时做好预算公开相关工作。

第十七条 对年度未支出的补助资金，应按照财政部结转结余资金管理的有关规定执行。当年结转补助基金，全部结转到下年度安排使用。对结余资金和连续两年未用完的结转资金，预算尚未分配到部门和下级政府财政部门的，由本级政府财政部门在办理上下级财政结算时向上级政府财政部门报告，上级政府财政部门在收到报告后 30 日内办理发文收回结转结余资金；已分配到部门的，由该部门本级政府财政部门在年度终了后 90 日内收回统筹使用。

第十八条 财政部各地监管局按照工作职责和财政部要求，对属地补助资金进行监管。补助资金预算下达文件同时抄送财政部当地监管局。

第十九条 本办法自公布之日起施行。《财政部 住房城乡建设部关于印发〈城市管网专项资金管理办法〉的通知》（财建〔2016〕863 号）、《财政部 住房城乡建设部关于印发〈城市管网专项资金绩效评价暂行办法〉的通知》（财建〔2016〕52 号》同时废止。

附录 4

土壤污染防治专项资金管理办法

（财资环〔2019〕11 号）

第一条 为了规范和加强土壤污染防治专项资金管理，提高财政资金使用效益，根据《中华人民共和国预算法》《中华人民共和国土壤污染防治法》《中共中央 国务院关于全面实施预算绩效管理的意见》《中央对地方专项转移支付管理办法》等规定，制定本办法。

第二条 本办法所称土壤污染防治专项资金（以下称防治资金）是指由中央一般公共预算安排的，专门用于开展土壤污染综合防治、土壤环境风险管控等方面，促进土壤生态环境质量改善的资金，由财政部会同生态环境部负责管理。

第三条 防治资金的管理和使用应当符合以下原则和要求：

（一）坚决贯彻党中央、国务院决策部署，突出支持重点。

（二）符合国家宏观政策和生态环境保护相关规划。

（三）按照编制中期财政规划的要求，统筹考虑有关工作总体预算安排。

（四）坚持公开、公平、公正，主动接受社会监督。

（五）实施全过程预算绩效管理，强化资金监管，充分发挥资金效益。

（六）坚持结果导向。专项资金安排时统筹考虑相关地区重点领域重点任务完成情况及土壤风险管控成效，突出对资金使用绩效和生态环境改善情况较好地区的激励。

第四条 防治资金实施期限至 2020 年，期满后根据法律、行政法规和国务院有关规定及土壤污染防治工作形势的需要评估确定是否继续实施和延续期限。

第五条 防治资金重点支持范围包括：

（一）土壤污染状况详查和监测评估；

（二）建设用地、农用地地块调查及风险评估；

（三）土壤污染源头防控；

（四）土壤污染风险管控；

（五）土壤污染修复治理；

（六）支持设立省级土壤污染防治基金；

（七）土壤环境监管能力提升以及与土壤环境质量改善密切相关的其他内容。

根据党中央国务院决策部署、土壤污染防治工作需要和专项转移支付评估结果等，不符合法律、行政法规等有关规定，政策到期或调整，相关目标已经实现或实施成效差、绩效低的支持事项，应当及时按照程序退出。

第六条 对已从中央基建投资等其他渠道获得中央财政资金支持的项目，不得纳入防治资金支持范围。

第七条 财政部负责制定防治资金分配标准、审核防治资金分配建议方案、编制防治资金预算草案并下达预算，组织实施全过程预算绩效管理，指导地方预算管理等工作。

生态环境部负责组织实施土壤污染防治工作，研究提出工作任务及资金分配建议方案，开展日常监管和评估，推动开展防治资金全过程预算绩效管理，指导地方做好预算绩效管理各项工作，提高财政资金使用效益。

第八条 生态环境部根据土壤污染防治工作开展需要，以及相关因素、权重以及上一年度目标完成情况等，向财政部提出年度专项资金安排建议。

财政部根据生态环境部等提出的分配建议，审核确定有关省、自治区、直辖市（以下称省）资金安排数额。

第九条 防治资金采取因素法和项目法相结合的方式分配。

第十条 落实党中央、国务院决策部署的重点任务以及支持有关省土壤污染防治基金的部分采取项目法，由生态环境部会同财政部根据地方项目申报情况按照程序确定支持项目和金额。

第十一条 其他防治资金采取因素法分配。

财政部会同生态环境部根据党中央、国务院决策部署，结合各省土壤污染防治工作任务量等确定分配因素，主要包括各省土壤污染防治工作任务量和试点示范项目，具体分配权重为70%、30%，并可以根据资金使用绩效和生态环境质量改善情况对测算结果进行调整，体现结果导向。因素和权重确需调整的，应当按照程序报批后实施。

第十二条 财政部商生态环境部根据有关省土壤污染防治基金规模、工作基础、项目储备、财力状况等确定支持力度。

第十三条 财政部、生态环境部负责组织实施防治资金全过程预算绩效管理，包括加强绩效目标审核，下达预算时需将绩效目标一同下达地方，做好绩效目标执行监控，开展绩效自评和重点绩效评价。

绩效评价包括对产出、效益、满意度等指标的考核，具体内容应包括：计划目标任务完成情况，相关制度建设情况，防治资金到位使用及项目实施进展情况，经济社会、生态效益情况等。

财政部、生态环境部应当加强绩效评价结果反馈应用，对各地保护资金绩效评价结果作为完善政策、改进管理及以后年度预算安排的重要依据。

第十四条 地方各级财政、生态环境部门以及防治资金具体使用单位，具体实施防治资金全过程预算绩效管理，按照下达的绩效目标组织开展绩效运行监控，做好绩效评价。绩效管理中发现违规使用资金、损失浪费严重、低效无效等重大问题的，应当按照程序及时报告财政部、生态环境部等部门。

第十五条 任何单位和个人不得截留、挤占和挪用防治资金。

各级财政、生态环境部门及其工作人员存在违反本办法行为的，以及其他滥用职权、玩忽职守、徇私舞弊等违法违纪行为的，按照预算法、公务员法、监察法、财政违法行为处罚处分条例等有关规定追究相应责任；涉嫌犯罪的，移送司法机关处理。

第十六条 财政部各地监管局按照财政部的要求，开展防治资金监管工作。

第十七条 本办法未明确的其他事宜，包括预算下达、资金拨付、使用、结转结余资金处理等，按照《财政部关于印发〈中央对地方专项转移支付管理办法〉的通知》（财预〔2015〕230 号）等预算管理有关规定执行。

第十八条 省级财政和生态环境部门可根据本办法，结合当地实际，制定具体实施办法。

第十九条 本办法由财政部会同生态环境部负责解释。

第二十条 本办法自发布之日起施行。《财政部　环境保护部关于印发〈土壤污染防治专项资金管理办法〉的通知》（财建〔2016〕601 号）同时废止。

附录 5

重点生态保护修复治理资金管理办法

（财建〔2019〕29 号）

第一条 为规范和加强重点生态保护修复治理资金（以下简称治理资金）管理，提高资金使用效益，促进生态系统保护修复，根据《中华人民共和国预算法》《中央对地方专项转移支付管理办法》等有关规定，制定本办法。

第二条 本办法所称治理资金是指中央预算安排的，用于开展山水林田湖草生态保护修复、废弃工矿地整治等工作，促进生态环境恢复和生态系统功能提升的资金。

第三条 治理资金使用和管理应当遵循以下原则：

（一）坚持公益方向。治理资金使用要区分政府和市场边界，支持公益性工作。

（二）合理划分事权。治理资金使用要着眼全局，立足中央层面，支持具有全国性、跨区域或者影响较大的保护和修复工作。

（三）统筹集中使用。中央层面注重集中分配，聚焦于生态系统受损、开展修复最迫切的重点区域和工程；地方层面注重统筹使用，加强生态环保领域资金的整合，发挥资金协同效应，同时避免相关专项资金重复安排。

（四）资金安排公开透明。治理资金安排情况要及时向社会公开。根据项目法安排的治理资金要坚持采取竞争性评审方式择优确定，并确保评审过程公开、公平、公正。

第四条 治理资金由财政部会同自然资源部等部门组织实施。具体实施方案按照《中华人民共和国国民经济发展第十三个五年规划纲要》《全国国土规划纲要（2016—2030 年）》《全国土地整治规划（2016—2020 年）》以及党中央、国务院关于生态保护修复工作的决策部署制定。

本办法实施期限至 2023 年年底。期满后财政部会同自然资源部等部门根据国务院有关规定及重点生态保护修复治理形势需要评估确定是否继续实施及延续期限。

第五条 财政部负责审核治理资金分配建议方案，编制资金预算并下达，指导地方加强资金管理等工作。

自然资源部等部门负责组织具体实施方案的编制和审核，研究提出工作任务及资金分配建议方案，开展日常监管、综合成效评估和技术标准制定等工作，指导地方做好项目管理，配合财政部做好预算绩效管理等相关工作。

第六条 治理资金支持范围主要包括以下方面：

（一）开展山水林田湖草生态保护修复工程，着眼于国家重点生态功能区、国家重大战略重点支撑区、生态问题突出区，坚持保护优先、自然恢复为主，进行系统性、整体性修复，完善生态安全屏障体系，提升生态服务功能。

（二）开展历史遗留废弃工矿土地整治。开展历史遗留和责任人灭失的废弃工业土地和矿山废弃地整治，实施区域性土地整治示范，盘活存量建设用地，提升土地节约集约利用水平，修复人居环境。

对不再符合法律、行政法规等有关规定，政策到期或调整，相关目标已经实现或实施成效差、绩效低下的支持事项，应当及时退出。

第七条 治理资金采取项目法和因素法相结合的方式分配。

用于山水林田湖草生态保护修复试点工程的奖补资金采取项目法分配，包括基础奖补和绩效奖补两部分。工程纳入支持范围即享受基础奖补，工程总投资 20 亿元以下的基础奖补 5 亿元；工程总投资 20 亿～50 亿元的基础奖补 10 亿元；工程总投资 50 亿元以上的基础奖补 20 亿元。绩效奖补资金根据工程结束后最终绩效评估结果确定。

用于废弃工矿土地整治的奖补资金采取项目法或者因素法方式分配。采取项目法分配的资金，各项目安排金额根据工程投资额、工程经济效益等分档确定。采取因素法分配的资金，根据考虑财力差异后的各省废弃工矿土地整治任务面积因素确定。采用因素法分配的资金，根据以下公式进行分配：

某省因素法分配的废弃工矿土地整治的奖补资金=因素法分配的废弃工矿土地整治奖补资金总额×某省废弃工矿土整治面积×财力补助系数/（各省废弃工矿土地整治面积×财力补助系数）

第八条 采取项目法分配的，由财政部会同自然资源部等部门通过竞争性评审方式公开择优确定具体项目。

财政部会同自然资源部等部门在项目评审前发布申报指南，明确项目申报范围、要求等具体事项。

项目所在省、自治区、直辖市（以下简称省）负责编制工作实施方案，明确工作目标、实施任务、保障机制以及分年度资金预算等，并按照项目申报要求提出申请。

纳入支持范围项目所在省应当将项目实施方案报省级政府批准后，送财政部、自然资源部等部门备案。财政部根据工作实施方案确定的任务量、方案执行情况，实施年限等编制相关预算草案，待中央预算批准后按照规定程序下达预算。

第九条 采用项目法支持的项目，在实施过程中因实施环境和条件发生重大变化，确有必要调整实施方案的，应当坚持工程目标不降低原则。不涉及项目实施区域变化的方案调整，应由省级人民政府同意后报财政部、自然资源部等部门备案。项目实施区域发生变化的方案调整，应经省级人民政府同意后报财政部、自然资源部等部门审批。

第十条 财政部会同有关部门组织对治理资金实施预算绩效管理，强化绩效目标管理，做好绩效运行监控，开展绩效自评和重点绩效评价，加强绩效评价结果反馈应用，建立治理资金考核奖惩机制，并将各地治理资金使用情况、方案执行情况考核结果和绩效评价结果作为调整完善政策及资金预算的重要依据。

绩效评价包括对产出、效益、满意度等指标的考核。具体内容包括：计划目标任务完成情况、相关制度建设情况、资金到位使用及项目实施进展情况、经济社会效益情况等。

第十一条 省级财政部门应会同同级自然资源等部门加强绩效评价，组织开展绩效自评，选择重点项目开展绩效评价。

各级财政、自然资源等部门应对治理资金使用情况进行动态监督，如发现资金使用、项目调整等方面重大问题，应当按照程序及时报告。

第十二条 本办法未明确的其他事宜，如资金下达、拨付、使用、结转结余资金处理等，按照《中央对地方专项转移支付管理办法》（财预〔2015〕230号）有关规定执行。

第十三条 财政部驻各省、自治区、直辖市财政监察专员办事处按照财政部的要求，开展专项资金监管工作。

第十四条 治理资金支持工程形成的各类资产，由所在地县级以上人民政府承担管护责任，负责运行管理和维护。

第十五条 各省级财政部门应会同有关主管部门结合本地区实际情况，根据本办法制定专项资金使用管理实施细则，并报财政部、自然资源部等部门备案。

第十六条 各级财政部门、自然资源等部门及其工作人员在资金审批工作中，存在骗取、挤占、截留、挪用资金或滥用职权、玩忽职守、徇私舞弊等违法违纪行为之一的，按照《中华人民共和国预算法》《中华人民共和国公务员法》《中华人民共和国监察法》《财政违法行为处罚处分条例》等国家有关规定追究相应责任。涉嫌犯罪的，移送司法机关处理。

第十七条 本办法由财政部会同自然资源部等负责解释。

第十八条 本办法自发布之日起实行。《财政部 国土资源部 环境保护部关于修订〈重点生态保护修复治理专项资金管理办法〉的通知》（财建〔2017〕735 号）同时废止。

参考文献

[1] 1989 年 12 月 26 日第七届全国人民代表大会常务委员会第十一次会议通过，2014 年 4 月 24 日第十二届全国人民代表大会常务委员会第八次会议修订. 中华人民共和国环境保护法［EB/OL］.http：//www.gov.cn/xinwen/2014-04/25/content_2666328.htm.

[2] European Commission. Environmental Expenditure Statistics：Industry data collection handbook .2005.

[3] 安体富，任强.公共服务均等化：理论、问题与对策[J]. 财贸经济，2007（8）：48-53.

[4] 包兴安.中国去年发绿色债 2512 亿元 [N]. 证券日报，2018-01-05.

[5] 财政部关于印发《土壤污染防治专项资金管理办法》的通知（财资环〔2019〕11 号）[EB/OL].（2019-06-13）. http：//zyhj.mof.gov.cn/zcfb/201909/t20190924_3391600.htm.

[6] 财政部关于印发《重点生态保护修复治理资金管理办法》的通知（财建〔2019〕29 号）[EB/OL].（2019-02-27）. http：//zyhj.mof.gov.cn/zcfb/201907/t20190718_3303088.htm.

[7] 财政部污染防治和生态文明建设领导小组关于印发《财政支持打好污染防治攻坚战加快推进生态文明建设的意见（2019—2020 年）》的通知[EB/OL].（2019-10-30）.http：//czt.nx.gov.cn/zwgk/zfxxgkml/czbwj/201911/t20191119_1854429.html.

[8] 曹志文.财政支出政策的生态保护效应研究[D]. 南昌：江西财经大学，2019.

[9] 昌敦虎，王鑫，安海蓉，等.我国环境保护投资统计口径调整方案研究[J].环境经济，2010（7）：34-39.

[10] 常杪，李建军，傅涛.城市垃圾处理迎来投资新时代——我国城市生活垃圾处理多元化投资初探[EB/OL].（2007-07-23）. http：//www.chinajsb.cn.

[11] 陈工.公共支出管理研究[M].北京：中国金融出版社，2001.

[12] 陈怀平，李天姿，胡照龙.公共财政视域下中国环保投资问题研究[J].长安大学学报（社会科学版），2012，14（4）：64-68.

[13] 陈金雪.环境保护投资与经济增长的关系研究[J].科技经济市场，2019（8）：56-58.

[14] 陈丽芹，郭焕书，叶陈毅.利用融资租赁解决中小企业融资难问题[J].企业经济，2011（11）：168-170.

[15] 陈鹏，逯元堂，陈海君，等.我国环境保护投融资渠道研究[J].生态经济，2015，31（7）：148-151.

[16] 陈鹏，逯元堂，高军，等. 我国绿色金融体系构建及推进机制研究[J].环境保护科学，2016，42（1）：52-56.

[17] 陈鹏，逯元堂，朱建华，等.中国现行环保投资统计口径优化研究[J].生态经济，2017，33（7）：218-221.

[18] 陈瑞莲，胡熠.我国流域区际生态补偿：依据、模式与机制[J].学术研究，2005（9）：71-74.

[19] 陈婷婷，王俏尹.融资方式对中小企业融资效率的影响[J]. 经济与管理，2013（9）：42-43.

[20] 陈岩，郭佳.典当融资与银行融资的比较研究[J].北京联合大学学报（人文社会科学版），2011，9（3）：102-105.

[21] 陈阳.构建绿色金融体系仍需破解诸多难题[N].中国经济导报，2015-04-25（C02）.

[22] 程连升.企业融资：成本、风险与选择[J]. 兰州商学院学报，2001，17(3)：

22-25.

[23] 程亮，陈鹏.推进新基建，生态环境基础设施不能少[N].光明日报，2020-07-11.

[24] 董小林.环境经济学[M].北京：人民交通出版社，2005：38-48.

[25] 董战峰，李红祥，葛察忠，等. 国家环境经济政策进展评估报告 2018[J]. 中国环境管理，2019，11（3）：60-64.

[26] 杜昀轩，姚瑞华，赵越. 国外环境保护基金的经验分析及启示[J]. 环境保护，2014，42（16）：72-73.

[27] 盖中伟.促进环境保护的财政政策研究[J].财政监督，2018（1）：83-87.

[28] 高维蔚.促进绿色发展的财政支出政策研究[D]. 北京：中国财政科学研究院，2018.

[29] 葛察忠，程翠云，董战峰，等. 环境污染第三方治理问题及发展思路探析[J]. 环境保护，2014，42（20）：28-30.

[30] 关于印发《城市管网及污水处理补助资金管理办法》的通知（财建〔2019〕288 号）[EB/OL].（2019-06-13）. http：//nmg.mof.gov.cn/lanmudaohang/zhengcefagui/201908/t20190801_3345058.htm.

[31] 广发证券.环保行业深度跟踪：环保公用专项债占比提升，关注国企入驻的“后效应”[R].2020.3：1-8.

[32] 桂松，蔡京平.我市发放首笔污水处理收费权质押贷款[EB/OL].（2017-07-05）.http：//www.greatwuyi.com/zhuant/2017zt/content/2017-07/ 05/content_1216614.htm.

[33] 国家发展改革委办公厅关于印发环境污染第三方治理典型案例（第一批）的通知（发改办环资〔2017〕2079 号）[EB/OL].（2017-12-15）. https：//www.ndrc.gov.cn/xxgk/zcfb/tz/201712/t20171220_962625.html.

[34] 国家统计局社会和科技统计司，环境保护部环境规划院，中国人民大学国民经济核算研究所（编译）.国际环保支出统计文献汇编[R].2009.

[35] 国务院. 国务院关于创新重点领域投融资机制鼓励社会投资的指导意见（国发〔2014〕60 号）[EB/OL].（2014-11-16）. http：//www.gov.cn/zhengce/content/2014-11/26/content_9260.htm.

[36] 国务院. 国务院关于推进中央与地方财政事权和支出责任划分改革的指导意见（国发〔2016〕49 号）[EB/OL].（2016-08-24）.http：//www.gov.cn/zhengce/content/2016-08/24/content_5101963.htm.

[37] 国务院.国务院关于改革和完善中央对地方转移支付制度的意见（国发〔2014〕71 号）[EB/OL].（2014-12-27）. http：//www.gov.cn/zhengce/content/2015-02/02/content_9445.htm.

[38] 国务院.国务院关于加强环境保护重点工作的意见（国发〔2011〕35 号）[EB/OL].（2011-10-17）.http：//www.gov.cn/zwgk/2011-10/20/content_1974306.htm.

[39] 国信证券.证券研究报告：专项债助力基建，生态环保类占比增幅明显[R].2020.3：1-24.

[40] 国研经济研究院课题组，中信国安城市课题组.EOD·生态引领发展模式研究[M].北京：中信出版集团，2018.

[41] 何军，逯元堂，韩斌，等.中国生态环境 PPP 发展报告（2018）[M].中国环境出版社，2019.

[42] 何旭东，侯立松，孙冬煜，等.环保投资理论研究与发展[J]. 四川环境，1999，18（1）：28.

[43] 河南设立百亿元绿色发展基金推动生态文明建设[EB/OL]. http：//www.gov.cn/xinwen/2019-12/01/content_5457385.htm.

[44] 胡迺武，范炳龙.经济增速换档期的中国经济增长和产业结构调整[J].经济纵横，2014（10）：1-3.

[45] 胡绍雨.促进我国环保投资发展的财政政策研究[J].中国国情国力，2013（10）：35-37.

[46] 环境保护部文件.关于 2009 年环境统计年报制度的说明[Z].环发〔2009〕155 号.

[47] 黄东坡.中小企业融资结构理论述评[J].征信，2013（9）：85-88.

[48] 黄静.城市生活污水集中处理收费研究[J].吉首大学学报（社会科学版），2000，21（2）：41-44.

[49] 黄毅凤.关于环境问题的若干财政思考[J].财金贸易，1999（12）：12-13.

[50] 纪海利.我国环保产业融资问题研究[J].河北企业，2020（3）：70-71.

[51] 贾康.《地方财政问题研究》[M].北京：经济科学出版社，2004.

[52] 姜业庆.构建绿色金融体系需加大政府引导作用[N]. 中国经济时报，2015-03-24（05）.

[53] 姜英兵，崔广慧.环保产业政策对环境污染影响效应研究——基于重污染企业环保投资的视角[J].南方经济，2019（9）：51-68.

[54] 蒋莉.美国环保超级基金制度的实施及问题[J].安全、健康和环境，2004，4（10）：23-24，32.

[55] 蒋卫华.论融资成本对企业融资方式选择的影响[J].商业时代，2011（24）：74-75.

[56] 蓝虹，任子平.建构以 PPP 环保产业基金为基础的绿色金融创新体系[J].环境保护，2015，43（8）：27-32.

[57] 李东卫.关于企业短期融资券融资的几点思考[J].现代乡镇，2009（10）：11-14.

[58] 李里.促进环境保护的财政政策选择[J].特区经济，2007（3）：174-175.

[59] 李欣宁，黄琴，戴胜.我县首笔排污权质押贷款发放成功[EB/OL].（2018-10-25）. http://www.zjcs.gov.cn/art/2018/10/25/art_1252849_22134787.html.

[60] 李艳茹.城市与污水——中国主要城市水处理大数据报告[EB/OL].（2016-12-09）.http：//www.h2o-china.com/news/250411.html.

[61] 李莹.国家绿色发展基金如何助力打赢污染防治攻坚战？[N].中国环境报，2020-07-20.

[62] 梁小民.微观经济学[M].北京：中国社会科学出版社，1996.

[63] 刘磊，张敏.关于我国环境保护投资的界定与思考[J].四川环境，2011（3）：133-137.

[64] 刘丽敏，底萌妍.我国环境保护投融资方式探析[J].财政研究，2007（9）：25-28.

[65] 刘溶沧，赵志耘，夏杰长.促进经济增长方式转变的财政政策选择[M].北京：中国财政经济出版社，2000.

[66] 刘薇.财政分权的经济与社会发展影响研究[M].北京：经济科学出版社，2009.

[67] 逯元堂，陈鹏，高军，等.中国绿色基金构建思路探讨[J].环境保护，2016，44（19）：27-30.

[68] 逯元堂，宋玲玲，高军.PPP 模式下黑臭水体治理依效付费机制思路与框架设计[J].环境保护，2016（23）：35-37.

[69] 逯元堂，吴舜泽，陈鹏，等."十一五"环境保护投资评估[J].中国人口·资源与环境，2012（10）：43-47.

[70] 逯元堂，吴舜泽，陈鹏，等.环保投融资政策优化重点与方向[J].环境保护，2014，42（13）：42-44.

[71] 逯元堂，吴舜泽，陈鹏，等. 构建绿色金融体系，应遵循怎样的思路？[J].环境经济，2016（Z3）：28-33.

[72] 逯元堂，吴舜泽，陈鹏.环境保护基金特征及构建思路研究[J].生态经济，2015，31（9）：191-193.

[73] 逯元堂.环保投融资政策创新势在必行[N].上海证券报，2015-07-21（12）.

[74] 逯元堂.环境领域 PPP 模式：特点、影响及关注点[N].现代物流报，2015-10-25（B01）.

[75] 逯元堂.政企合作如何提高治污效率？[N].中国环境报，2016-04-19（09）.

[76] 逯元堂.中央财政环境保护预算支出政策优化研究[D]. 北京：财政部财政科学研究所，2011.

[77] 路同喜. 促进我国环保投融资发展的财政政策研究[D]. 北京：财政部财政科学研究所，2013.

[78] 绿色金融工作小组.四类措施推动我国绿色金融体系构建——《构建中国绿色金融体系》报告发布[J].中国银行业，2015（4）：97-99.

[79] 马彦瑞.我国环境保护财政支出效率及其影响因素研究[D]. 郑州：河南财经政法大学，2019.

[80] 马中.环境与资源经济学概论[M].北京：高等教育出版社，1999.

[81] 牛珏.探讨我国环保投资对环保产业发展的影响[J].中国高新区，2018（6）：223.

[82] 欧盟委员会.环境支出统计——工业数据收集手册 3.2.1.

[83] 裴珍珍.国家发改委宏观经济研究院常务副院长王一鸣：经济"换挡期"更需培育增长新动力[N].经济日报，2013-07-16（05）.

[84] 彭峰，李本东.环境保护投资概念辨析[J].环境科学与技术，2005，28（3）：72-74.

[85] 彭峰.论我国环境保护投资与投资制度的概念[J].中国环保产业，2004（3）：12-13.

[86] 齐志宏.多级政府间事权划分与财政支出职能结构的国际比较分析[J].中央财经大学学报，2001（11）：6-7.

[87] 任勇.日本的环境投资机制及其对中国的启示[J].城市管理和科技，2000（2）：5-13.

[88] 申寸娜，徐莉莉.浅谈我国财政支出结构存在的问题及优化对策[J].中国证券期货，2013（1）：86.

[89] 孙丹.十八届三中全会《决定》、公报、说明（全文）[EB/OL].（2013-11-18）.

http：//www.ce.cn/xwzx/gnsz/szyw/201311/18/t20131118_1767104.shtml.

[90] 孙童，陶树明.环境保护财政资金的使用及呈报现状探析[J].北方经济，2007（1）：107-109.

[91] 孙耀武.促进绿色增长的财政政策研究[D].博士学位论文，2007.

[92] 泰州首笔纯排污权质押贷款成功落地[EB/OL].（2015-02-10）.http：//zwgk.taizhou.gov.cn/art/2015/2/10/art_46395_1279095.html.

[93] 唐建新，杨军.基础设施与经济发展：理论与对策[M]. 武汉：武汉大学出版社，2003：1-24.

[94] 天津市蓟州区人民政府办公室.天津市蓟州区人民政府办公室关于印发蓟运河（蓟州段）全域水系治理、生态修复、环境提升及产业综合开发EOD 项目总体方案和市场化实施方案的通知（蓟州政办函〔2019〕20号）[EB/OL].（2019-05-08）. http：//www.tjjz.gov.cn/kfq/zcjd/201908/1ca6428fdb82474e956ba4caca1eeeb8.shtml.

[95] 田辉.中国绿色保险的现状、问题与未来的发展[EB/OL].（2014-05-06）. http：//www.cet.com.cn/wzsy/gysd/1188043.shtml.

[96] 田金文.企业融资成本问题探究[J]. 甘肃农业，2005（11）：119.

[97] 田晓霞.小企业融资理论及实证研究综述[J]. 经济研究，2004（5）：107-116.

[98] 万忠芝.论公共财政的环境支持[J].财税与会计，2002（1）：23-25.

[99] 王尔德，刘一鸣.台湾“毒地”整治 20 年经验是什么？[N].21 世纪经济报道，2013-11-26（23）.

[100] 王虎云.构建高效绿色金融体系[J].金融世界，2015（5）：40-43.

[101] 王金南，董战峰，蒋洪强，等.中国环境保护战略政策 70 年历史变迁与改革方向[J].环境科学研究，2019，32（10）：1636-1644.

[102] 王金南，杨金田，陆新元，等.市场机制下的环境经济政策体系初探[J].中国环境科学，1995（3）.

[103] 王璐.促进环境保护的财政政策研究[J].广西质量监督导报，2019（3）：199.

[104] 王田田.完善顶层制度建设 构建绿色金融体系[N].中国经济时报，2015-06-29（003）.

[105] 王习堪.我国环保投资现状剖析及优化对策探讨[J].科技展望，2016，26（26）：314.

[106] 王鑫，昌敦虎，安海蓉.环保投资统计为何失实？[J].环境保护，2010（17）：35-37.

[107] 我省设立总规模 63 亿元环保基金[EB/OL].（2018-08-28）. http：//czt.gd.gov.cn/mtgz/content/post_175253.html.

[108] 吴舜泽，陈斌，逯元堂，等. 中国环境保护投资失真问题分析与建议[J].中国人口·资源与环境，2007（3）：112-117.

[109] 吴舜泽，逯元堂，陈鹏，等. “十二五”环保投资评估[M].北京：中国环境出版社，2017.

[110] 吴舜泽，逯元堂，陈鹏.水污染防治实施 PPP 模式招数新[N].中国环境报，2015-05-13（002）.

[111] 吴舜泽，逯元堂，王鑫，等. 环保投资核算与绩效评价体系研究[M].北京：中国环境出版社，2015.

[112] 向可.环保投资、环境、社会经济相互耦合关系研究[D].兰州：兰州大学，2018.

[113] 新华社.1800 亿元 PPP 融资支持基金设立[EB/OL].（2015-10-08）. http：//news.163.com/15/1008/01/B5C8HK8C00014AED.html.

[114] 熊海鸥，王晔君.经济增长迎来“换挡期”[N].北京商报，2014-01-27（02）.

[115] 徐丹.我国环境保护的财税政策研究[D].合肥：安徽大学，2018.

[116] 徐顺青，逯元堂，陈鹏，等.我国环保投融资实践及发展趋势[J].生态经济，2020，36（1）：161-165.

[117] 鄢斌.环境污染损害赔偿责任的承担——以超级基金制度为核心[J].环境经济，2009（6）：45-49.

[118] 杨为燕.积极运用财政金融政策，促进环保产业的快速发展[J].安全与环境工程，2004，11（4）：43-45.

[119] 姚利驹.促进我国环保投资发展的财政政策研究[D]. 沈阳：沈阳大学，2011.

[120] 叶玉瑶，张虹鸥，周春山，等. “生态导向”的城市空间结构研究综述[J].城市规划，2008（5）：69-74+82.

[121] 袁星侯.资源与环境保护的财政政策[J]. 四川财政，1997（9）：13-15.

[122] 原国家环保总局.关于建立环保投资统计调查制度的通知[Z]. 环财发1999年64号文.

[123] 张傲，张宁.浅谈企业中期票据融资的运用[J]. 当代经济，2013（2）：44-45.

[124] 张加乐.我国自然环境保护的财政政策选择[J]. 改革研究，2005（7）：12-14.

[125] 张坤民.中国环境保护投资报告[M]. 北京：清华大学出版社，1992.

[126] 张磊.促进我国环保产业发展的财政补贴政策研究[D]. 太原：山西财经大学，2016.

[127] 张立，尤瑜.中国环境经济政策的演进过程与治理逻辑[J].华东经济管理，2019，33（7）：34-43.

[128] 张腾飞，杨俊.绿色发展绩效的环境保护财政支出效应评价及政策匹配[J].改革，2019（5）：60-69.

[129] 张友鹏.关于企业融资结构选择的探讨[J].商，2013（18）：144-145.

[130] 长江绿色发展投资基金成立 首期募集资金200亿元[EB/OL].http://news.cnstock.com/news，bwkx-201911-4458350.htm.

[131] 赵鼎. 北京助推企业在资本市场发行绿色债券[EB/OL].（2015-07-14）. http：// bond.xinhua08.com/a/20150714/1525247.shtml.

[132] 赵民谦.浅析中小企业融资成本控制[J]. 企业导报，2013（15）：99-100.

[133] 赵星琦. 我国环保产业投融资问题研究[J]. 广西质量监督导报，2018（11）：95.

[134] 中共中央.中共中央关于全面深化改革若干重大问题的决定［EB/OL］.（2013-11-15）.http：//www.gov.cn/jrzg/2013-11/15/content_2528179.htm.

[135] 中国环境修复网.金融模式创新推动土壤地下水修复产业发展[EB/OL].（2015-08-12）. http：//www.hjxf.net/2015/0812/13233.html.

[136] 中华人民共和国资源税法[EB/OL].（2019-08-26）. http：//www.npc.gov.cn/npc/c30834/201908/d80a55c3e81d48ec861399d2c73fe0f6.shtml.

[137] 重庆环保产业股权投资资金管理有限公司[EB/OL]. http：//www.cqeppe.cn/index.php.

[138] 重庆市环境保护局. 重庆资源与环境交易所、重庆环保投资有限公司和重庆环保产业股权投资基金正式揭牌[EB/OL].（2015-06-16）. http：//www.cepb.gov.cn/doc/2015/06/16/98690.shtml.

[139] 周长玲，于利杰.中国城市垃圾处置收费制度的健全与完善[J].法制与社会发展，2012（5）：114-119.

[140] 周子扬.浅谈中国环保投资对国民经济增长的影响[J].化工管理，2015（16）：192，224.

[141] 朱小会.中国财税政策的环境治理效应研究[D].重庆：重庆大学，2018.

[142] 自然资源部办公厅关于印发《生态产品价值实现典型案例》（第一批）的通知（自然资办函〔2020〕673 号）[EB/OL].（2020-04-23）. http：//www.hxland.com/library/3535.html.